MÉTAMORPHOSE DES ORGANES

ET

DES GÉNÉRATIONS ALTERNANTES

DANS LA SÉRIE ANIMALE ET DANS LA SÉRIE VÉGÉTALE,

PAR

M. Paul GERVAIS.

MONTPELLIER,

JEAN MARTEL AINÉ, IMPRIMEUR DE LA FACULTÉ DE MÉDECINE,
RUE DE LA CANARASSERIE 2, PRÈS DE LA PRÉFECTURE.

1860

DE LA

MÉTAMORPHOSE DES ORGANES

ET

DES GÉNÉRATIONS ALTERNANTES.

PUBLICATIONS DE M. PAUL GERVAIS.

HISTOIRE NATURELLE DES INSECTES APTÈRES, par MM. Walckenaer et Paul Gervais. 4 vol. in-8°, avec atlas; Paris, 1837-1847 (les Tom. III et IV par M. P. Gervais).

HISTOIRE NATURELLE DES MAMMIFÈRES. 2 vol. gr. in-8°, avec planch. et fig. dans le texte; Paris, 1854-1855.

DOCUMENTS POUR SERVIR A LA MONOGRAPHIE DES CHÉIROPTÈRES SUD-AMÉRICAINS. In-4° avec planch.; Paris, 1855.

RECHERCHES SUR LES MAMMIFÈRES FOSSILES DE L'AMÉRIQUE-MÉRIDIONALE. In-4°, avec planch.; Paris, 1856.

THÉORIE DU SQUELETTE HUMAIN, fondée sur la comparaison ostéologique de l'homme et des animaux vertébrés. In-8°; Montpellier, 1856.

ZOOLOGIE ET PALÉONTOLOGIE FRANÇAISES. Nouvelles recherches sur les animaux vertébrés dont on trouve les ossements enfouis dans le sol de la France, et sur leur comparaison avec les espèces propres aux autres régions du globe. In-4°, avec atlas in-fol. de 84 planches. La première édition, Paris, 1848-1852; la seconde édition, Paris, 1859.

ZOOLOGIE MÉDICALE. Exposé méthodique du règne animal, comprenant la description des espèces employées en médecine, de celles qui sont venimeuses et de celles qui sont parasites de l'homme et des animaux; par MM. Paul Gervais et Van Beneden. 2 vol. in-8°; Paris, 1859.

MÉMOIRES RELATIFS A LA ZOOLOGIE, A LA PALÉONTOLOGIE, etc.; publiés, de 1835 à 1860, dans les principaux recueils périodiques, dans plusieurs ouvrages exécutés sous les auspices du Gouvernement, dans différents Dictionnaires ou Encyclopédies, etc.

DE LA

MÉTAMORPHOSE DES ORGANES

ET

DES GÉNÉRATIONS ALTERNANTES

DANS LA SÉRIE ANIMALE ET DANS LA SÉRIE VÉGÉTALE,

PAR

M. Paul GERVAIS.

MONTPELLIER,

JEAN MARTEL AINÉ, IMPRIMEUR DE LA FACULTÉ DE MÉDECINE.
RUE DE LA CANABASSERIE 2, PRÈS DE LA PRÉFECTURE.

1860

DE LA

MÉTAMORPHOSE DES ORGANES

ET

DES GÉNÉRATIONS ALTERNANTES.

A l'aide du principe scientifique de la *métamorphose des organes,* le naturaliste poursuit et reconnaît, au milieu des variations infinies de leurs formes et de leurs usages, les rapports d'origine et la communauté de nature que ces instruments de la vie présentent les uns avec les autres, ou les différences essentielles qui les séparent. Ce n'est pas uniquement par la comparaison des animaux ou des végétaux entre eux qu'il arrive à ce résultat. Pour atteindre plus sûrement le but qu'il se propose, il étudie les organes de même sorte dans chaque être pris isolément. De cette manière il en constate les répétitions, quelque changement que la place qu'ils occupent ou le rôle qu'ils jouent aient amenés dans leur forme. Il les rapporte alors à un nombre restreint de catégories, ne comprenant chacune que ceux qui sont de même nature, ou, comme on le dit aujourd'hui, homologues. Pour les mieux apprécier, il en établit ensuite la classification naturelle, ainsi qu'il le fait, d'autre part, pour les êtres eux-mêmes dont ces organes constituent les moyens d'action. C'est ce qui lui permet de les connaître d'une manière plus rigoureuse et de juger aussi plus aisément de l'infériorité ou de la supériorité relative des espèces animales ou végétales de chaque groupe. L'anatomie se trouve par là ramenée à des règles fixes qui sont aussi intéressantes pour l'homme de science que fécondes en résultats inattendus. La structure si complexe et si difficile à expliquer de l'organisme humain peut, à son tour, et à l'aide de simples comparaisons, être aisément éclairée au moyen des notions fournies par l'étude des autres êtres vivants, et son étonnante supériorité n'en devient que plus admirable et plus évidente encore.

Quant à la *théorie des générations alternantes*, dont nous traiterons également dans cet ouvrage, elle nous apprend que la reproduction au moyen des sexes, la seule que nous observions dans les espèces élevées, n'est pas l'unique moyen qu'aient les animaux inférieurs et les végétaux de multiplier leur espèce. En effet, dans un grand nombre des premiers, peut-être même dans tous les seconds, des individus incapables de produire des œufs, parce qu'ils manquent d'organes mâles et femelles, engendrent par agamie une progéniture dont la forme est toujours plus ou moins différente de la leur; mais, dans chaque espèce, cette progéniture donne à son tour naissance à des individus sexiés et semblables à ceux dont elle descend. Ces individus sexiés font de nouveau des œufs, d'où il sort des individus dépourvus de sexes, et l'espèce se continue ainsi par une alternance régulière. C'est, comme on le voit, une sorte de dimorphisme propre aux êtres organisés. Les anciens naturalistes n'en avaient pas aperçu la loi, et ils confondaient sous les noms de *gemmiparité*, de *scissiparité*, etc., quelques-uns des faits s'y rapportant qu'ils avaient entrevus.

Je m'efforcerai, dans les pages qui vont suivre, de faire ressortir l'importance que ces deux ordres de phénomènes — la métamorphose des organes et la génération alternante — ont dans la vie des animaux et des végétaux, et je tâcherai de montrer comment les observations curieuses dont ils ont été l'objet ont contribué aux progrès de la science. Leurs relations m'occuperont également, et j'indiquerai, toutes les fois que l'occasion s'en présentera, le mutuel appui que ces deux théories se prêtent dans la solution des grandes questions qui préoccupent les naturalistes.

La première partie de mon travail sera spécialement consacrée à ce qui concerne la métamorphose des organes ; la seconde aura pour objet l'étude des générations alternantes. Dans l'un et dans l'autre cas, j'envisagerai successivement mon sujet dans les deux règnes des êtres organisés.

Quelques remarques générales, reliant entre eux les deux termes de ma question, me serviront de conclusions.

PREMIÈRE PARTIE.

DE LA MÉTAMORPHOSE DES ORGANES.

CHAPITRE Ier.

REMARQUES HISTORIQUES.

Dans un travail célèbre et qui remonte à 1790[1], Goethe s'exprimait ainsi : « Tout homme, pour peu qu'il ait suivi quelques plantes dans leur accroissement, doit avoir observé que certains organes situés à l'extérieur se métamorphosent et revêtent en tout ou en partie la forme des organes voisins..... La liaison secrète qui unit les feuilles, le calice, la corolle, les étamines, appendices de la plante qui se développent l'un après l'autre, est admise depuis long-temps par la plupart des observateurs; elle a même été le sujet d'études spéciales; et la propriété en vertu de laquelle un seul et même organe se présente à nous si diversement modifié, a été appelé *la métamorphose des plantes*. »

En effet, on trouve dans la science, bien antérieurement au grand écrivain dont nous venons de rappeler les paroles, des traces de l'ingénieuse et

[1] *La métamorphose des plantes* (*Voy*. OEuvres d'histoire naturelle de Goethe; trad. de M. Ch. Martins, p. 209 et 210).

féconde théorie au perfectionnement et à la vulgarisation de laquelle il a lui-même contribué d'une manière si remarquable. Mais bien du temps devait s'écouler avant que cette théorie fût généralement acceptée et qu'elle devînt classique comme elle l'est aujourd'hui.

Son apparition dans la botanique, si l'on en juge par les travaux que l'impression nous a conservés, fut pour ainsi dire intermittente, et elle semble avoir été tour-à-tour admise et délaissée. Cependant, à chacune des époques où nous la voyons passagèrement reparaître, elle prend une nouvelle force, gage de sa certitude, et tend à devenir une conséquence naturelle des faits ; d'abord quelques esprits d'élite savent seuls en apprécier la valeur.

Un botaniste du XVIIe siècle, qui fut l'un des fondateurs de la classification rationnelle, Joachim Jung [1], que les livres appellent Jungius, a laissé un ouvrage remarquable, l'*Isagoge plantarum*, qui a paru en 1679 et dans lequel il est déjà question des rapports qu'ont entre eux les organes d'une même plante.

Au XVIIIe siècle, on s'en occupa d'une manière plus suivie, et nous trouvons parmi les noms des promoteurs de cette grande et poétique théorie celui de Linné. L'esprit sagacement ingénieux de l'auteur du *Systema naturæ* savait trop bien saisir les rapports des

[1] Né à Lubeck en 1587, mort à Hambourg en 1657.

êtres pour ne pas comprendre aussi ceux que leurs parties présentent si souvent les unes avec les autres. Linné, dans le chapitre de sa Philosophie botanique qui a pour titre *Metamorphosis vegetabilis*, résume dans son style aphoristique quelques données relatives à cette question. C'est là qu'il a imprimé cette phrase si juste et si souvent reproduite par les botanistes modernes : *Principium florum et foliorum idem est.* La même règle est développée dans un écrit de Linné, qui fait partie de ses *Amœnitates academicæ* et porte pour titre *Prolepsis plantarum*, c'est-à-dire anticipation chez les plantes.

Linné avait remarqué qu'un arbre placé dans une très-grande caisse et nourri avec profusion poussait, chaque année, de puissants rameaux sans donner des fleurs ; tandis que le même arbre mis dans une caisse étroite se chargeait promptement de feuilles et de fleurs. Il voyait, dans ce second fait, l'anticipation de phénomènes retardés au contraire dans le premier. On n'avait alors aucune idée de l'individualité multiple des arbres, et Linné se trompa dans ses appréciations morphologiques lorsqu'il attribua la production de la fleur et du fruit aux couches corticales et ligneuses, admettant qu'elles se recouvraient l'une l'autre comme le font ces dernières dont il les fait provenir. Goethe a montré le peu de fondement de ces rapprochements.

Les travaux de Linné sur la métamorphose des plantes remontent à 1760. Bientôt après, en 1765,

Fr. Wolf développa d'une manière plus exacte sinon plus remarquable les principales données qui servent de base à cette théorie.

Né à Berlin en 1733, Gaspard-Frédéric Wolf fut reçu docteur en 1759, et en 1767 il fut appelé à Saint-Pétersbourg, où il apporta une réputation bien établie, comme anatomiste et comme physiologiste. Sa dissertation inaugurale a pour titre : *Theoria generationis,* et pour base, des expériences curieuses relatives à l'incubation. Ses vues sur la métamorphose des plantes y sont déjà exposées; on les retrouve dans une édition plus étendue qu'il a donnée plus tard de ce travail, et elles figurent avec plus de développement encore dans une autre de ses publications.

Wolf établit que la nature de presque tous les organes des végétaux que leur extrême analogie rend comparables entre eux, s'explique par leur mode de développement. Il reconnaît que les différentes parties dont ils se composent (feuilles, calice, corolle, péricarpe, graine, etc.) se distinguent souvent à peine les unes des autres. Le calice ne se montre le plus souvent que comme un assemblage de feuilles plus petites que les autres et moins développées; le péricarpe résulte évidemment de la réunion de plusieurs feuilles, avec cette différence que ces feuilles se confondent plus intimement encore; et ce qui le prouve, comme Wolf en fait la remarque, c'est la déhiscence d'un grand nombre de capsules en segments qui ne sont autre chose que les différentes feuilles composant le fruit par leur réunion. Suivant le même auteur, des observations isolées rendent aussi très-probable que la corolle et les étamines ne sont que des feuilles modifiées, puisqu'il n'est pas rare de voir des pétales se métamorphoser en sépales, et *vice versâ*.

Si les sépales sont des feuilles et si les pétales ne sont que des sépales, alors il n'est pas douteux, observe Wolf, que les pétales ne soient de véritables feuilles. De même aussi l'on voit souvent, dans les fleurs polyandres, les étamines se changer en pétales et donner ainsi naissance aux fleurs doubles, ce qui lui prouve que les étamines ne sont réellement que des feuilles. En un mot, l'opinion de Wolf est que la plante, dont les différentes parties semblent, au premier coup-d'œil, si étrangères les unes aux autres, se réduit en dernière analyse aux feuilles et à la tige; car la racine fait, suivant lui, partie du même système que la tige. Il ajoute : « Tels sont les organes complexes et immédiatement apparents de la plante; les organes médiats et élémentaires qui les composent sont des utricules et des vaisseaux. » C'est, comme on le voit, toute la base de la morphologie et de l'organographie des végétaux, telles qu'on les professe encore actuellement.

Après les travaux de Wolf et de Goethe sur la métamorphose des plantes, sont venus ceux de De Candolle et d'un grand nombre d'autres botanistes éminents, dont nous ferons connaître les résultats, après avoir rappelé qu'un principe analogue à celui qui les a guidés existait déjà en zoologie antérieurement à la publication du beau travail de Goethe. Ce principe, nommé depuis lors *principe des homologues*, est dû à Vicq d'Azyr ; il a aussi pour objet « les rapports qu'ont entre elles les différentes parties d'un individu. »

En 1774, le célèbre anatomiste avait fait connaître aux savants ses observations sur les *rapports qui se trouvent entre les usages et la structure des quatre extrémités dans l'homme et dans les quadrupèdes.* L'objet principal de ce travail était la comparaison des parties constituant le membre antérieur avec celles dont est formé le membre postérieur, et la recherche de leurs correspondances dans l'une et dans l'autre paire d'appendices. Ce parallélisme, déjà entrevu par Aristote, était suivi beaucoup plus loin par Vicq d'Azyr; il devait être repris plus tard par différents auteurs, parmi lesquels nous citerons De Blainville, M. Owen et M. Ch. Martins.

En faisant paraître dans l'histoire de l'Académie des sciences une analyse du mémoire présenté par Vicq d'Azyr à cette compagnie savante, Condorcet fit en même temps connaître les principes qui l'avaient guidé. Les idées exposées par l'illustre secrétaire de l'Académie sont trop remarquables pour que nous les passions sous silence, et nous allons les rappeler ici.

« On entend ordinairement, dit Condorcet, par

anatomie comparée, l'observation des rapports et les différences qui existent entre les parties analogues de l'homme et des animaux. M. Vicq d'Azyr donne ici un essai d'une autre espèce d'anatomie comparée, qui jusqu'ici a été peu cultivée et sur laquelle on ne trouve dans les anatomistes que quelques observations isolées. C'est l'examen des rapports qu'ont entre elles les différentes parties d'un même individu.... Dans cette nouvelle espèce d'anatomie comparée, on observe, dit M. Vicq d'Azyr, comme dans l'anatomie comparée ordinaire, ces deux caractères que la nature paraît avoir imprimés à tous les êtres, celui de la constance dans le type et de la variété dans les modifications. »

Goethe s'occupa aussi de la possibilité de ramener les principales pièces du squelette aux lois de la métamorphose; et on lit dans ses recherches sur l'ostéologie comparée, qui remontent à 1795, cette phrase remarquable qui rend aussi heureusement que l'avait fait Condorcet les deux principes des homologies et des analogies squelettiques proposées par Vicq d'Azyr. « La métamorphose, dit Goethe, a deux effets différents chez les animaux parfaits : d'un côté, comme nous le voyons dans les vertébrés, la force plastique modifie des parties identiques, d'après un certain plan et de la manière la plus constante, ce qui établit la possibilité du type général; de l'autre, les parties comprises dans le type changent continuellement chez toutes les espèces animales, sans néanmoins pouvoir jamais perdre leur caractère. »

On ne pourrait plus dire aujourd'hui que la partie de l'anatomie comparée qui a pour but la notion des *rapports qu'ont entre elles les différentes parties d'un même individu*, a été peu cultivée. Les naturalistes qui ont succédé à Vicq d'Azyr s'en sont souvent occupés, et les exagérations même auxquelles sont arrivés sous ce rapport plusieurs d'entre eux, Oken et M. Carus, par exemple, sont présentes à la mémoire de tous les savants. Toutefois, comme la nouvelle espèce d'anatomie comparée, préconisée par Vicq d'Azyr et Condorcet, ne procède, pour ainsi dire, que de l'anatomie comparée ordinaire, et que les *analogies* reconnues par celle-ci sont souvent la clef des *répétitions homologiques* que celle-là recherche, ses progrès sont presque toujours subordonnés aux siens; et si elle ne tient compte des notions qu'elle en reçoit, l'erreur ne tarde pas à prendre la place de la vérité.

Pour rendre dès à présent plus claires nos remarques sur ces deux manières de faire de l'anatomie comparée, nous donnerons à celle que Condorcet appelle avec Vicq d'Azyr l'anatomie comparée ordinaire, et qui va à la recherche des organes analogues chez les différentes espèces, le nom d'*anatomie analogique*. C'est par elle qu'on a été conduit à la théorie justement célèbre

[1] Histoire de l'Académie des sciences, année 1774, p. 12.

des analogues, aux progrès de laquelle, ainsi que nous le verrons, G. Cuvier, Meckel, E. Geoffroy, De Blainville et beaucoup d'autres après eux ont consacré une partie de leurs travaux. L'autre sera l'*anatomie homologique* ou la *théorie des homologues,* parce qu'elle se préoccupe surtout de la répétition des parties dans chaque organisme.

Cette seconde partie de la philosophie anatomique est celle qui devra principalement nous occuper. Elle nous montre comment les différentes pièces qui composent chaque individu, quoique très-dissemblables en apparence, surtout chez les espèces supérieures de chaque groupe naturel, peuvent cependant être ramenées à un petit nombre d'éléments primitifs qu'elle nous fait voir virtuellement ou même initialement semblables entre elles. Dans beaucoup de cas, elle les retrouve aussi avec ce caractère de similitude ou d'homogénéité dans les rangs les plus inférieurs de ces mêmes groupes naturels, dont les espèces élevées nous avaient d'abord paru formées par l'association d'éléments organiques si hétérogènes. Elle va plus loin encore, puisqu'elle compare entre eux les états par lesquels passent successivement toutes les parties chez les individus de chaque espèce en changeant d'âge et de forme. Elle jette alors le plus grand jour sur la théorie de ces métamorphoses individuelles, dont presque tous les animaux nous offrent des exemples dans l'œuf lorsqu'ils ne les subissent pas après leur naissance. C'est aussi la théorie des parties homologues de l'organisme qui nous fait assister à la transformation dans un même animal, de ces éléments, si peu différents d'abord, en parties de plus en plus dissemblables, et elle nous montre comment la similitude primitive qui les caractérisait alors fait place, à mesure qu'on les étudie dans un âge plus avancé, à une diversité qui n'est souvent comparable qu'à celle d'un même organe envisagé dans la série des espèces. Le principe sur lequel elle repose est, comme on le voit, le même que celui employé par Wolf et par Goethe pour rechercher au milieu de leurs variations de forme les organes homologues des végétaux, et la notion des homologues chez les animaux conduit aussi à la découverte de la métamorphose de leurs organes. Le même principe est donc applicable à la zoologie et à la botanique.

D'abord, employé en zoologie pour faire connaître les similitudes existant entre les diverses parties qui constituent les membres, il a été étendu depuis lors aux pièces qui composent le tronc ; et quoique le squelette ait été le principal objet des recherches qu'il a suscitées, d'autres genres d'organes ont aussi été envisagés de la même manière, et la science est riche aujourd'hui en démonstrations de cet ordre.

Ce n'est pas que les idées introduites en anatomie par Vicq d'Azyr et ses successeurs au nom du principe pourtant si fécond de l'homologisme des organes n'aient trouvé des contradicteurs, et Cuvier, qui s'est toujours montré hostile à la théorie de la composition vertébrale du crâne, n'a pas même accepté les résultats cependant si évidents auxquels conduit la comparaison des membres supérieurs et inférieurs de l'homme; l'une de celles, en anthropotomie, qui peuvent le plus aisément se passer des preuves fournies par l'observation complémentaire du règne animal. « Il ne s'agit nullement, dit l'auteur des *Leçons d'anatomie comparée,* d'une vaine loi de répétition que leurs différences réfutent suffisamment : c'est par cette facilité à généraliser sans examen des propositions qui ne sont vraies que dans un cercle étroit, que l'on est arrivé à l'établir. Ces différences et ces ressemblances sont également déterminées, non par la loi des répétitions, mais par la grande et universelle loi des concordances physiologiques et de la convenance des moyens avec le but. »

Ces critiques n'ont pas arrêté la marche de la science, et aux premiers travaux des anatomistes sur les homologies des organes sont venus s'en ajouter d'autres, que nous rappellerons pour la plupart, et qui ont permis de formuler pour chacun des grands groupes du règne animal et pour l'empire organique tout entier ces types abstraits qui sont partout évidents, sans être réalisés nulle part, et qui ont enfin permis de comprendre quelques-unes des grandes lois qui président à la composition des êtres vivants.

CHAPITRE II.

DE LA MÉTAMORPHOSE DES ORGANES ENVISAGÉE DANS LES VÉGÉTAUX.

Ainsi qu'on en a souvent fait la remarque, les grands principes de la science, ceux qui une fois découverts et formulés ont le plus d'influence sur ses progrès à venir, sont moins l'œuvre de tel homme en particulier que celle du temps et de l'évolution naturelle de l'esprit humain. Goethe dit fort justement à cet égard : « C'est le temps et non pas les hommes qui fait les plus belles découvertes, et les grandes choses sont accomplies à la même époque par deux ou plusieurs penseurs à la fois [1]. » Il n'en est pas moins vrai qu'il n'appartient qu'à quelques esprits d'élite de s'élever à ces brillantes conceptions, et Goethe avait, comme Linné, les qualités nécessaires pour arriver à de semblables résultats.

Bien convaincus de l'insuffisance des classifications artificielles, les naturalistes, à l'époque où Goethe écrivit son travail sur la métamorphose des plantes, cherchaient à se rendre compte des rapports des êtres. La classification systématique de Linné ne pouvait plus suffire même aux progrès qu'elle avait fait accomplir,

[1] *Loc. cit.*, p. 6.

et la classification naturelle des espèces était trouvée, en principe du moins, puisque A.-L. de Jussieu, plus heureux et mieux inspiré que tous les botanistes qui l'avaient tentée avant lui, venait d'en formuler le principe. La gloire véritable de Goethe, en morphologie végétale, est aussi d'avoir ramené l'importante question de la métamorphose à des règles fixes tirées des faits que l'on connaissait avant lui ou de ceux qu'il avait recueillis lui-même.

Comme Wolf, Goethe voit dans la plante des organes axiles et des organes appendiculaires, et après avoir montré que ceux-ci relèvent tous d'un même type idéal dont la feuille se rapproche plus qu'aucun d'eux, il prévoit, ce qui ne sera réalisé que longtemps après par un naturaliste de Montpellier [1], « qu'il faudrait créer un terme général pour dénommer cet organe qui revêt des formes si variées, et ramener à ce type primitif toutes les modifications secondaires. »

Après s'être successivement expliqué, à l'aide de ce type de tout organe appendiculaire, la formation des feuilles séminales, des feuilles ordinaires, des folioles du calice, des pétales constituant la corolle, des étamines, des nectaires, du style, des fruits et des enveloppes immédiates de la graine, il revient sur toutes ces transitions, parle des bourgeons et de leur développement, et explique d'une manière générale la

[1] En 1829, Dunal a proposé de nommer *phylle* le type abstrait de tout appendice végétal.

fleur et les fruits composés, moins en apportant dans la science des faits nouveaux, qu'en établissant la relation de ceux qu'elle avait réunis, mais dont les botanistes ne saisissaient point encore les rapports véritables. C'est sous une autre forme et pour un but différent, auquel toutefois la nomenclature des parties et la signification des caractères ne sont pas étrangers, un progrès comparable à celui que venaient d'accomplir les classifications naturelles. Goethe fait voir dans son travail plusieurs des côtés par lesquels la théorie du prolepsis de Linné est vulnérable ; et sans créer un mot nouveau pour désigner l'organe type dont tous les autres dérivent, il se contente de comparer chacune de ses apparences à celles qui la précèdent et qui la suivent ; « car, ajoute-t-il, il est aussi exact de dire : une étamine est un pétale contracté, que de prétendre qu'un pétale est une étamine développée. Un sépale est une feuille caulinaire revenue sur elle-même et douée d'une organisation plus parfaite, ou, si l'on veut, la feuille est un sépale étendu en surface par l'abord de sucs plus grossiers. »

Goethe insiste aussi, dans son mémoire, sur les arguments que peut fournir à la théorie qu'il soutient l'examen des fleurs prolifères, et il fait connaître les caractères que présentent celles du rosier.

Quant à l'ensemble des faits qu'il invoquait, le nombre en était restreint si on le compare à ce qu'il est devenu depuis, et l'auteur avait même négligé quelques-uns de ceux que l'on connaissait alors [1]. Son but, ainsi que nous l'avons déjà dit, était moins la découverte de faits nouveaux que celle de la méthode à l'aide de laquelle on peut découvrir et ramener à la règle tous ceux que l'observation nous présente chaque jour, et dont, malgré les efforts de Goethe lui-même, le lien allait échapper long-temps encore aux naturalistes ordinaires.

En effet, nous devons arriver à plus de vingt-cinq ans au-delà de l'époque où Goethe donna son *Essai sur la métamorphose des plantes*, pour voir cette théorie prendre la place qui lui convient dans la science et faire réellement de nouveaux progrès ; c'est même une question que de savoir si De Candolle et les autres botanistes qui la reprirent, de 1815 à 1820, procédèrent dans leurs essais avec toute la précision que les précédents travaux de Goethe comportaient. On sait qu'ils n'eurent pas connaissance du mémoire de ce dernier et que, pour eux, la question en était encore, lorsqu'ils s'en occupèrent, au point où Linné et Wolf l'avaient laissée.

Le mot même de *métamorphose*, dont on se servait déjà au temps du naturaliste suédois, ne se trouve

[1] De Jussieu venait d'en indiquer un curieux exemple dans les hellébores et genres voisins, dont il avait, contrairement aux indications de Linné, ramené la fleur à son véritable type : *Calix sæpe coloratus, à Linnæo corolla dictus, petalis ab eodem in nectaria conversis.*

pas d'abord dans leurs ouvrages, et ce ne fut que quelque temps après les avoir publiés, que ces botanistes s'aperçurent que Goethe avait long-temps avant eux traité ce sujet et qu'il l'avait fait d'une manière si remarquable. La première traduction française qu'on ait de la *Métamorphose des plantes*, parut en 1829 seulement, et, jusqu'à cette époque, tous les auteurs : Dupetit-Thouars, Turpin, Pelletier (d'Orléans), De Candolle, Dunal, etc., qui s'occupèrent chez nous des questions que cet ouvrage aborde, ignoraient l'existence de l'ouvrage lui-même.

De Candolle, de son côté, ne le connaissait pas encore, lorsqu'il publia, en 1819, la deuxième édition de la *Théorie élémentaire de la botanique*, dans laquelle plusieurs des questions traitées par Goethe sont attaquées avec la force qui caractérise les travaux de ce grand botaniste.

Goethe avait distingué trois sortes de métamorphoses :

1° La *métamorphose normale*, qu'il proposait aussi d'appeler *progressive* ou *ascendante*, car elle remonte des parties végétales les plus simples et les plus inférieures dans la série des phénomènes de la végétation de chaque plante, telles que le cotylédon et la feuille, pour arriver à la forme la plus élevée, celle des parties constituant la fleur. C'est la métamorphose normale et celle à laquelle les végétaux sont assujettis dans les conditions ordinaires de leurs phases diverses, depuis le moment où ils germent jusqu'à celui où ils fleurissent et donnent des fruits.

2° La *métamorphose anormale*, qui pourrait prendre, ajoute-t-il, le nom de *rétrograde;* elle est, en effet, un retour successif des formes les plus élevées aux formes qui le sont le moins; par exemple, une transformation des étamines en pétales, ou de celles-ci en feuilles.

Elle s'observe surtout dans les monstruosités. Comme on le voit, Goethe avait trouvé, dans l'étude des déviations florales qui répondent aux monstruosités des animaux, un moyen de dévoiler ce que la métamorphose normale ne lui avait pas permis de reconnaître, et comme on l'a fait aussi en zoologie, il éclairait la théorie des formes normales des plantes par l'observation de leurs formes tératologiques.

3° La *métamorphose accidentelle.* Celle-ci est due à l'influence des agents extérieurs; elle se montre, par exemple, dans les cas où des insectes tels que des pucerons ou des hyménoptères de la famille des cynipidés, ont déterminé par leur piqûre la formation de fausses gales ou de gales véritables sur les feuilles ou les fleurs des végétaux; mais c'est là une condition pathologique, et Goethe n'y avait pas insisté. « Elle pourrait, disait-il, nous écarter de la marche simple que nous voulons suivre, et nous détourner de notre but. »

De Candolle cherchant à connaître la nature réelle

des organes, et voulant éviter les erreurs qui peuvent tromper le naturaliste dans cet examen, rapporta à trois causes principales les nombreuses déviations au type commun qui diversifient les apparences sous lesquelles les plantes se présentent à nous, et dissimulent même le plus souvent ce qu'elles ont d'identique dans les détails de leur conformation. Ces trois causes principales sont les *avortements d'organes*, leur *dégénérescence* ou transformation les uns dans les autres, et les *adhérences* qu'ils contractent souvent entre eux.

1° L'adhérence dissimule leur individualité propre, comme la soudure des animaux dans un même polypier, ou chez une ascidie composée, peut faire prendre pour un être unique ce qui n'est en réalité que la réunion d'un nombre d'individus qui, dans une espèce peu éloignée de celle-là, peuvent rester séparés et distincts. On trouve dans la formation des fruits dits syncarpés de curieux exemples de cette adhérence des organes simples des végétaux entre eux, et les soudures du filet des étamines avec la corolle, ainsi que d'autres particularités de même ordre, sont depuis longtemps familières aux botanistes. Nous avons vu que Wolf avait déjà signalé celles que présente le fruit.

2° Les avortements d'organes ne sont pas moins curieux à étudier, et l'on sait combien il est important d'en tenir compte, en botanique comme en zoologie, lorsqu'on veut s'expliquer les différences qui existent entre des espèces de même groupe ou de groupes voisins, si l'on tient à comparer exactement leur structure anatomique.

3° La dégénérescence des organes rentre plus directement dans la question que nous avons à traiter, car elle n'est guère, mais sous un autre nom, que la métamorphose de Linné et de Goethe.

La dégénérescence, telle que l'entend De Candolle, résulte de ce fait, que tous les organes des végétaux peuvent, selon leur nature spéciale, dégénérer dans diverses espèces, et dans chacune d'elles selon des lois fixes, de manière à prendre une apparence très-différente de celle qui leur est habituelle. Ces dégénérescences, De Candolle ne les ramène pas à un type unique, comme Goethe l'avait fait; mais il fait remarquer, avec Wolf, qu'elles peuvent être considérées comme une conséquence de l'extrême simplicité de l'organisme interne des végétaux. « Des organes fort simples et toujours les mêmes composent, dit-il, toutes leurs parties organiques; de sorte que de très-faibles changements de nature peuvent modifier tel ou tel organe, au point de lui donner l'apparence d'une autre partie.

Ces notions, que Dunal[1] et quelques autres ne tardèrent pas à perfectionner, conduisirent De Candolle à rechercher les types, non plus des organes envisagés en eux-mêmes, mais des végétaux, c'est-à-dire

[1] Par ses vues sur les *dédoublements* et la *multiplication*.

de ces associations d'organes devant remplir, sous des formes spécifiques que la botanique descriptive nous fait connaître, des rôles divers au sein de la nature. C'est ce qu'il appela la *symétrie végétale*, transformant ainsi l'expression pittoresque de géométrie vivante des végétaux, dont s'était servi Dupetit-Thouars. Pendant que Geoffroy Saint-Hilaire, De Blainville et quelques autres avec eux poursuivaient en zoologie l'application de l'un des principes féconds dont Vicq d'Azyr et Condorcet avaient donné la formule, et appelaient à leur aide la théorie des analogues, l'unité de plan ou la signification des organes, De Candolle prenait pour guide la *symétrie végétale*, et, arrivant sans le savoir à la thèse posée par Goethe, il attribuait dès cette époque une juste part aux vues philosophiques dans l'observation des innombrables transformations que présentent les organes des végétaux. C'est ainsi que la théorie des métamorphoses devint pour ainsi dire son œuvre.

C'est par cette succession de travaux et au moyen des principes que nous avons exposés, que la démonstration de la métamorphose des organes a pris rang dans la biologie générale.

L'uniformité de nature première des organes constituant les parties appendiculaires des végétaux fut acquise à la science [1], et l'on s'en servit pour expliquer non-

[1] Parmi les auteurs dont les travaux concoururent, après ceux de Wolf, de Goethe et de De Candolle, à en

seulement les monstruosités des végétaux, telles que la doublure des anémones, des roses, des cerisiers ou de beaucoup d'autres plantes, la substitution de certains organes à d'autres, la virescence des enveloppes florales, etc.; elle permit aussi de comprendre une foule de particularités, qui, pour être normales chez les espèces qui les présentent, n'en seraient pas moins des exceptions, eu égard aux groupes auxquels ces espèces appartiennent ou même aux conditions de la symétrie organique qui règlent la distribution des organes, si le principe de la métamorphose ne nous rendait raison de leur transformation; car cette transformation qui est réelle, morphologiquement parlant, n'est en définitive qu'apparente, si on l'envisage au point de vue de la théorie des analogues, puisque celle-ci se préoccupe des transformations possibles d'un organe donné et de sa comparaison dans la série, sans remonter le plus souvent à sa nature homologique. Quelques exemples feront mieux comprendre ces remarques, et leur enlèveront ce qu'elles semblent avoir de purement spéculatif.

La *tige* et ses divisions, qui s'étendent jusqu'aux

assurer la démonstration, on doit citer Engelmann, dont le travail, publié à Francfort en 1832, comprend, sous le nom de *formation empêchée*, les cas d'avortement; sous celui d'*antholyse*, la métamorphose descendante de Goethe; sous celui de *diaphysis*, les prolongements exceptionnels de l'axe, et sous celui d'*ecblastesis*, la formation des bourgeons axillaires.

rameaux portant les fleurs et au réceptacle sur lequel sont insérés les verticilles floraux, constitue la partie principale du *système axile*. La distinction précise des parties rentrant dans ce système, d'avec celles qui forment les appendices, est d'une haute importance autant dans la recherche des organes homologues que dans celle des organes dits analogues.

C'est grâce à elle que nous reconnaissons dans la figue la réunion d'une multitude de petits akènes insérés dans un réceptacle piriforme et charnu, et non une simple modification des fruits carpellaires; le pseudocarpe du *Dorstenia* nous montre la même métamorphose sous une forme moins compliquée. La fausse poire de l'*Anacardium* ou noix d'acajou et celle de l'*Hovenia* de la Chine sont des pédoncules charnus, et ne doivent pas être comparés à des fruits. La cupule du chêne est un réceptacle bractéifère surmonté du gland qui est l'ovaire transformé en fruit. Le cynorrhodon de la rose est un réceptacle creusé en coupe et rempli d'akènes comme la figue; mais ces akènes sont les carpelles séparés d'une même fleur, tandis que la figue est une véritable inflorescence, car chacun de ses akènes provient d'une fleur à part. Dans le fraisier, le réceptacle est, au contraire, en saillie, et il est recouvert par les akènes; c'est lui qui constitue la partie succulente de la fraise. Ajoutons que le réceptacle des renonculacées varie de forme dans la partie par laquelle il supporte les carpelles, et qu'il est plus ou moins conique; disposition que nous voyons à son maximum de développement dans le myosurus.

L'axe, c'est-à-dire la tige, peut, dans certains cas, simuler des feuilles comme dans les nopaliers [1]; mais il est facile de ramener cette exception à la règle. On y parvient moins aisément dans d'autres espèces, et les botanistes ne sont pas d'accord sur la manière dont il faut interpréter l'épiphyllie du petit houx (*Ruscus aculeatus*): les uns en faisant, comme dans l'épiphyllie du tilleul et du Bougainvilléa, la soudure du pédoncule avec une bractée, c'est-à-dire avec un appendice; tandis que d'autres, au nombre desquels nous citerons M. Payer, y voient des rameaux aplatis; ce qui explique comment les fleurs sont directement insérées sur ces prétendus appendices.

Le *système appendiculaire*, si semblable qu'il soit au système axile par ses éléments anatomiques, ne se confond pas avec lui, du moins chez les végétaux phanérogames: or, les métamorphoses y sont des plus curieuses à observer. Les organes qui le constituent, organes innominés dans l'ouvrage de De Candolle et appelés *phylles* par Dunal, se montrent suivant les parties qu'ils occupent sur le végétal, et suivant l'âge,

[1] Le fruit bacciforme des cactées, sur lequel on voit comme sur leurs tiges étalées, des faisceaux de piquants laissés par les feuilles caduques de ces plantes, pourrait être aussi regardé comme un réceptacle creusé et se confondant avec l'ovaire.

la station, l'espèce, etc., de ce dernier, sous la forme de cotylédons, de feuilles, de stipules, de bractées ou d'appendices floraux, et, selon les végétaux observés, on reconnaît aussi parmi ces organes ou à leur place des vrilles, des épines, etc.

Ce sont surtout les *stipules*, organes très-diversiformes, qui, par une seconde dégénérescence, deviennent des épines, et il importe de les distinguer des aiguillons, puisque ceux-ci sont de simples saillies de l'écorce, et qu'ils ne font point partie des verticilles appendiculaires. La rose a des aiguillons ; l'épine-vinette, le câprier et beaucoup d'autres végétaux ont des épines dues à la transformation de leurs stipules. Chez le smilax et chez la plupart des cucurbitacées, les stipules se transforment, au contraire, en vrilles; tandis que, dans d'autres plantes, les vrilles sont dues à la métamorphose des véritables feuilles ou même à celle des pédoncules.

Les *bractées* sont d'autres parties appendiculaires dont les métamorphoses méritent aussi d'être signalées; elles recouvrent le capitule des synanthérées comme autant d'écailles imbriquées; prennent l'éclat des pétales dans le Bougainvilléa, dans certaines euphorbes et dans beaucoup d'autres espèces; forment un involucre marcescent comparable à un calice dans le noisetier, et deviennent dans le châtaignier ce pseudocarpe recouvert d'aiguillons qui enveloppe les châtaignes, c'est-à-dire les fruits véritables. Leur analogie avec le péricarpe du marronnier d'Inde n'est qu'apparente, et la morphologie, c'est-à-dire l'application simultanée du principe des homologues et de celui des analogues, nous apprend à reconnaître dans ce cas comme dans beaucoup d'autres la véritable nature des organes.

Les *verticilles floraux*, ou les parties appendiculaires de la fleur, sont : le calice formé par les sépales, la corolle formée par les pétales, l'androcée formé par les étamines [1] et le gynécée formé par les carpelles ; il faut y ajouter le disque formé par les nectaires, et dont beaucoup d'auteurs admettent deux verticilles [2]. Aucune partie du végétal n'est plus complexe que la fleur, et nulle ne présente dans les variations de sa symétrie ou dans la diversité de ses caractères sériaux des différences plus nombreuses, plus importantes pour la classification, ni plus difficiles à expliquer.

La loi de l'alternance des pièces qui se correspondent

[1] Les *staminodes*, ou étamines d'apparence pétaloïde, sont un exemple curieux de la métamorphose de ces organes, sur lequel nous regrettons de ne pouvoir insister.

[2] M. Payer regarde les protubérances glanduleuses, auxquelles on a donné le nom de *nectaires*, comme n'étant pas des organes appendiculaires au même titre que les autres verticilles floraux, et son opinion à cet égard est fondée sur des observations relatives au développement de ces organes qu'il a rapportées dans son Traité d'organogénie comparée de la fleur. Elle est tout-à-fait différente de celle que Dunal, Saint-Hilaire et la plupart des botanistes avaient introduite dans la science.

d'un verticille au verticille qui le précède ou à celui qui le suit; la théorie de l'avortement, celle des soudures, et d'autres encore, y trouvent fréquemment leur application, et elles ne contribuent pas moins que la métamorphose à nous guider au milieu de l'infinie variation des dispositions florales, que la régularité ou la binarité, dite à tort irrégularité, viennent encore compliquer dans certaines espèces appartenant à des familles très-différentes les unes des autres.

L'énumération de tous les faits qui se rapportent à la théorie de la fleur, même en nous bornant à ceux que la métamorphose proprement dite revendique, nous mènerait au-delà des limites dans lesquelles ce travail doit être maintenu. Ces détails sont, d'ailleurs, aussi bien connus aujourd'hui, que les principes qui les coordonnent sont généralement acceptés; et c'est dans l'ouvrage qu'Auguste de Saint-Hilaire leur a en grande partie consacré [1], ou dans les mémoires antérieurs de Dunal et de quelques autres botanistes, qu'il faut en chercher l'analyse.

Je me bornerai à rappeler ici que la similitude des deux enveloppes florales est d'autant plus grande, que l'on descend des végétaux phanérogames les plus élevés à ceux qui occupent des rangs plus inférieurs dans cette grande série d'êtres organisés; je dirai aussi que les renonculacées que De Candolle classe à la tête du règne

[1] Morphologie végétale. Paris, 1860.

végétal, ne sont pas les plus parfaits des végétaux, et que l'on trouve la preuve de cette assertion dans la morphologie même de cette famille ; j'ajouterai encore que le règne végétal ne constitue pas plus que le règne animal une série unique, mais qu'il se compose, au contraire, de plusieurs séries successives, en décroissance les unes par rapport aux autres, et que c'est en descendant des groupes plus élevés à ceux qui le sont moins, que l'on voit la métamorphose perdre de son action.

On constate, en effet, que les végétaux les plus parfaits, soit ceux du règne entier, soit ceux de chaque grand groupe pris séparément, sont aussi ceux dont les différents organes se ressemblent le moins ou s'éloignent davantage de la disposition radiaire [1], et que pour chaque grand groupe les espèces inférieures sont aussi celles dont les différents organes, au contraire, se ressemblent le plus et sont le plus uniformes. Chez ces dernières espèces, nous observons donc l'opposé de ce qui a lieu pour les groupes plus parfaits ou pour les espèces les plus parfaites de chaque groupe.

C'est là aussi ce qui explique comment les espèces les plus inférieures de chacune des grandes divisions du règne végétal ou du règne animal nous paraissent se rapprocher plus que les autres du type idéal que nous

[1] Cette disposition radiaire des parties de la fleur, et principalement de la corolle, reçoit des botanistes le nom de *régularité*, et ils appellent *irrégularité* la disposition symétriquement paire des mêmes parties.

nous faisons de leur propre groupe, et sont, par leur simplicité même, la clef des innombrables variétés de formes sous lesquelles se présentent ailleurs les différents organes que nous connaissons aux végétaux.

Enfin, c'est encore pour la même raison que, dans chaque espèce, les études morphologiques sont d'autant plus faciles qu'on tient davantage compte pour l'appréciation des différences, des changements apportés par l'âge, et que l'on suit plus complètement l'évolution des organes en partant des premiers temps du développement pour arriver à l'époque où chaque partie du végétal entier aura pris sa forme définitive.

La monstruosité, dont la doublure des fleurs est un exemple si connu et si facile à observer, n'est pas le seul cas de métamorphoses récurrentes que nous observions dans les fleurs, et souvent la virescence, même normale, y vient démontrer la communauté d'origine qui relie leurs différents verticilles floraux à la feuille proprement dite. Les étamines et les carpelles n'échappent pas à cette transformation.

Turpin s'est occupé pendant long-temps, et toujours avec prédilection, à recueillir des faits capables d'éclairer la théorie des métamorphoses, et il a joint à l'édition française des œuvres scientifiques de Goethe, publiée par M. le professeur Martins [1], une esquisse d'organographie végétale, destinée à prouver l'identité

[1] Paris, 1837.

des organes appendiculaires des végétaux ou la métamorphose des plantes qui constitue le système du philosophe allemand [1].

Parmi les cas probants, les uns normaux, les autres anormaux, que l'on peut citer en faveur de cette théorie, Turpin expose de préférence les suivants, dont de très-belles figures, jointes à l'ouvrage que nous signalons, montrent les principales particularités. Nous lui en emprunterons la liste.

1° Dans la fleur du *Nymphœa alba,* les sépales, les pétales et les étamines passent des uns aux autres sans interruption saisissable.

2° Dans la rose à cent feuilles, à calice foliacé, les sépales des calices développés en feuilles grandes et pennées se relient parfaitement aux feuilles de la tige.

3° Les bractées ou feuilles florales, qui forment la collerette située sous le calice du pavot à bractées, ont tout-à-fait le caractère des autres feuilles placées plus bas sur la tige.

4° Les pétales les plus intérieurs des roses plus ou moins doublées, en se rétrécissant et en se décolorant prennent insensiblement la forme la plus ordinaire de l'étamine; pareilles métamorphoses s'opèrent dans le pavot à cent feuilles cultivé.

5° Dans le fraisier de Plymouth, les pétales, les

[1] Voir aussi la thèse de M. Martins qui a pour titre : *De la Tératologie végétale* (Montpellier, 1851).

étamines et les pistils se transforment en de véritables feuilles vertes et robustes.

6° Lorsque des étamines en rétrogradant ne se métamorphosent ni en pétales ni en feuilles, on les voit, dans le *Sempervivum*, dans les orangers à fruits cornus, dans le pavot d'Orient, dans l'*Erica tetralix*, se convertir en ovaires et plus tard en carpelles.

7° Dans d'autres cas, ce sont les ovules qui, comme par un retour sur eux-mêmes, se dessoudent, s'ouvrent et s'étalent en autant de petites feuilles vertes et souvent lobées.

Les recueils de botanique publiés dans ces dernières années, et les ouvrages généraux qui sont relatifs à la même branche de l'histoire naturelle, renferment un grand nombre de faits analogues, les uns tirés des végétaux normaux, les autres empruntés à la tératologie qui confirment les résultats déjà obtenus par les savants que nous avons cités dans ce chapitre. Leur application à la détermination de la symétrie végétale, et l'importance des notions que l'on peut en tirer pour appuyer sur de nouvelles bases la théorie des métamorphoses, sont trop évidentes et trop connues pour que nous y insistions en ce moment.

CHAPITRE III.

DE LA MÉTAMORPHOSE DES ORGANES ENVISAGÉE DANS LES ANIMAUX.

Nous avons vu comment Vicq d'Azyr avait, le premier, dès l'année 1774, nettement posé le principe des répétitions d'organes dans chaque animal pris séparément, et introduit ainsi en zoologie des vues analogues à celles d'après lesquelles Wolf recherchait quelque temps auparavant les rapports que les parties d'une même plante ont les unes avec les autres. Goethe, comme nous l'avons également rappelé, s'était associé à ce mouvement dès 1795. En zoologie comme en botanique, la doctrine des métamorphoses ne reçut pas d'abord l'accueil que lui méritaient les services qu'elle devait rendre à la science, et pendant long-temps on s'en occupa même fort peu. Il semblait que la comparaison établie par Vicq d'Azyr entre les membres antérieurs et postérieurs, ne pût pas être étendue à d'autres organes, et ce n'est qu'assez long-temps après que nous voyons quelques anatomistes essayer, mais bien timidement d'abord, de trouver aussi des rapports d'homologie entre le crâne et la colonne vertébrale qui le porte. Les esprits n'étaient point encore habitués à ce genre de considérations, et ce n'est pour ainsi dire qu'exceptionnellement et comme par hasard qu'on en occupait le monde savant. E. Geoffroy Saint-Hilaire nous apprend qu'une première tentative, essayée à cet égard par M. Dumeril en 1808, reçut un accueil assez peu encourageant. Dans une communication faite à l'Académie des sciences, M. Dumeril proposait de considérer la tête comme une vertèbre modifiée. « L'expression de *vertèbre pensante*, proférée tout-à-coup comme offrant un équivalent du mot *crâne*, et qui circula, dit Geoffroy, durant la lecture du mémoire, fut considérée par M. Dumeril comme une condamnation indirecte d'une hardiesse trop grande. » Quoi qu'il en soit, l'Académie n'avait pas les prémisses de la nouvelle comparaison. Oken, dès l'année précédente, avait publié à Iéna un travail spécial où il montrait que le crâne est une réunion de vertèbres [1], et la même idée était déjà venue à plusieurs autres anatomistes.

Oken reprit, en 1818, ses travaux relatifs aux homologies qu'ont entre elles les parties des animaux; mais des tendances unitaires, au moins exagérées, le conduisirent à exposer, dès cette époque, que *le système osseux tout entier n'était qu'une vertèbre répétée*. M. Carus y ajouta ensuite que tous les autres organes ne sont aussi que des répétitions de vertèbres, de telle sorte que, depuis l'œuf jusqu'aux diverses parties dont se compose le corps des animaux supérieurs, depuis la monade réduite à une simple cellule jusqu'à

[1] *Uber die Bedeutung der Schadelknochen. Ein programm.*

l'homme lui-même dont les tissus sont si variés et les organes si nombreux, tout ne fût plus que vertèbre ou association de vertèbres, comme si chacun des éléments de l'organisme chez les êtres supérieurs ou l'organisme tout entier chez les êtres les plus simples pouvait être assimilé à ce genre d'organes.

Cuvier eut plus aisément raison de ces hypothèses bizarres que de la théorie de Vicq d'Azyr, ou de son application à la détermination anatomique du crâne, et il railla spirituellement les exagérations de l'école qui dominait alors en Allemagne.

L'expression d'ailleurs si poétique de *métamorphoses* pouvait difficilement être étendue au règne animal avec le sens qu'elle a depuis long-temps en botanique, puisque les zoologistes appellent ainsi, non pas la transfiguration des organes de même sorte envisagés dans un même être et leur répétition sous des formes différentes les unes des autres dans les différents points de son corps, mais les transformations de l'être lui-même, et plus particulièrement celles qu'il présente après la naissance. La transformation du ver-à-soie en chrysalide d'abord, ensuite en papillon, est un exemple de ce genre de métamorphoses. Il en est de même des changements que le têtard subit pour devenir une grenouille.

La métamorphose, envisagée dans ce sens, s'appelle aussi *métabolisme;* elle repose essentiellement sur ce fait que chacun des organes d'un même animal peut être appelé à subir des évolutions, et que l'être tout entier éprouve des changements correspondants à ceux dont chacune de ses parties est le siège. La métamorphose, telle que l'entendent les zoologistes, n'est pas le sujet qui doit nous occuper maintenant; elle n'a rien de commun avec la métamorphose des plantes, dont le principe transporté dans le règne animal a pris bientôt le nom de *principe des homologues,* ou *principe des répétitions organiques.*

On a admis en zoologie comme en botanique une métamorphose des organes ascendante et une métamorphose descendante : cette dernière a été appelée *dégénérescence*. La première n'a pas reçu de nom particulier : c'est la transformation par *perfectionnement organique*, et les espèces supérieures de chaque groupe nous en montrent des exemples quand nous les comparons à celles qui sont placées au-dessous d'elles dans la série ; de même aussi les organes de l'homme et ceux des animaux supérieurs ne peuvent être bien compris que si on les regarde comme répondant à ceux des animaux moins parfaits que des perfectionnements successifs ont modifiés, au point de les rendre, en apparence du moins, tout-à-fait étrangers au type homologue dont chacun d'eux relève plus spécialement. Et, dans les monstruosités animales, quand nous voyons un organe rester au-dessous du degré de perfection auquel il est appelé par les lois ordinaires du développement, ou revêtir la forme d'un autre organe inférieur à lui par ses caractères anatomiques ou ses usages, nous pouvons dire que cet organe s'est arrêté dans son évolution, ou bien encore qu'il a été atteint par la métamorphose rétrograde [1].

L'atrophie des organes et leur hypertrophie se démontrent en zoologie comme en botanique, et il y a souvent une corrélation entre ces deux états. Goethe disait que la nature dispose d'une certaine somme d'éléments dont elle use pour chaque espèce, comme en administration on use du crédit affecté par le budget à chaque partie du service général, et qu'elle ne peut favoriser l'une qu'aux dépens de l'autre. C'est la même idée que Geoffroy Saint-Hilaire a reprise depuis sous la dénomination de *balancement des organes*. De Candolle, en l'envisageant sous une de ses faces seulement, en tirait le principe de l'avortement des organes [2].

L'adhérence, invoquée par le même auteur [3], et avant lui par beaucoup d'autres botanistes, n'est pas moins évidente en zoologie, où Fougeroux en avait, dès 1752, signalé un exemple remarquable en faisant voir que le canon des ruminants, alors regardé par tous les auteurs comme un os unique, bien qu'il supporte de deux doigts, répond aux deux métacarpiens ou métatarsiens qui chez les autres animaux portent ces deux

[1] *Voir* pag. 25.
[2] *Voir* pag. 26.
[3] *Voir* ibid.

doigts, et qu'il répond à deux os soudés entre eux au lieu d'être libres. Cette réunion n'est pas même primitive, et, dans le fœtus, les deux os de chaque canon sont encore nettement séparables l'un de l'autre; ils ne se soudent que vers la naissance.

C'est également par la soudure de pièces primitivement distinctes qu'on a expliqué, en anatomie, la formation des cavités osseuses, celle des trous osseux servant au passage des organes, tels que la moelle, etc., et beaucoup d'autres particularités sur lesquelles les auteurs modernes ont insisté. Les travaux de M. Serres sur l'ostéologie ont trait principalement à cet ordre de faits, et ses lois relatives au développement des os en expliquent différentes particularités, principalement celles apportées par la soudure dans la composition du squelette. Ces soudures ne sont qu'adventives, comme celle signalée par Fougeroux; elles ne se produisent même jamais chez certaines espèces inférieures par leur organisation à celles où nous les apercevons.

L'occipital nous en fournira un exemple. Formé d'une seule pièce chez l'homme adulte, il est au contraire séparé en ses véritables éléments chez le fœtus, et, dans certains animaux, cette séparation persiste pendant toute la vie. Le trou occipital n'est donc pas une perforation opérée dans la masse d'un os, comme on pourrait la faire à l'aide d'un emporte-pièce: c'est un vide laissé entre plusieurs pièces avant leur réunion les unes aux autres, et ce qui se voit pour l'occipital s'observe pour tout le reste de l'étui encéphalo-rachidien, puisque dans chaque vertèbre nous voyons d'abord son corps former une pièce à part (comme c'est le cas pour la partie basilaire de l'occipital), et que les lames apophysaires droite et gauche de cette vertèbre, au lieu de se confondre dès les premiers temps du développement en une apophyse épineuse unique, sont d'abord distinctes l'une de l'autre (comme le sont aussi les masses latérales de l'occipital). Le *spina bifida* n'est que la persistance anormale de cette séparation primitive des lames apophysaires droite et gauche des vertèbres ; c'est à la fois un arrêt de développement et un cas de disjonction. La symélie, cette singulière monstruosité dans laquelle le membre droit et le membre gauche du même fœtus se soudent ensemble, est au contraire un cas de soudure anomale, et la soudure peut s'étendre à des individus différents les uns des autres, au lieu de se borner à réunir des parties d'un même être. Il y a des animaux qui sont normalement soudés les uns aux autres, tels que beaucoup de polypes, certaines ascidies et bien d'autres appartenant aux classes inférieures. Chez les animaux supérieurs, la soudure entre individus n'est qu'accidentelle et tératologique. On remarque toutefois qu'elle s'y fait suivant les mêmes lois que la soudure normale des espèces inférieures, et conformément à cette règle qui veut que dans les soudures d'organes, soit normales, soit anormales, *les parties se soudent par leurs faces inversement homologues.*

La soudure des organes et celles de leurs parties constitutives portent, dans les remarquables travaux de Dugès [1], le nom de *coalescence*.

Un principe non moins fécond en zoologie qu'en botanique est celui des *connexions*. Il trouve surtout son application dans la recherche des analogies des organes; mais nous devons nous borner à le rappeler, sans nous étendre sur les applications souvent fort heureuses qu'on en a faites. Les règles qui conduisent à la découverte des organes métamorphosés, mais homologues, doivent seules nous occuper, et ce n'est qu'incidemment que nous devons parler de celles qui président à la recherche des organes dits analogues.

Il importe toutefois de le faire remarquer, il n'est pas toujours aisé de distinguer au premier abord les problèmes anatomiques qui relèvent des lois de l'homologie, c'est-à-dire de la métamorphose envisagée comme on le fait en botanique, de ceux qui ont trait à l'analogie des organes et sont du domaine de la théorie des analogues. Dans bien des cas, ces deux points de vue de la philosophie anatomique ont même été confondus par les auteurs qui s'en sont occupés.

M. Owen, dans ses principes d'ostéologie comparée, en donne des définitions, qui ne sont certainement pas d'accord avec celles de Vicq d'Azyr et de Condorcet.

[1] *Conformité organique de l'échelle animale.* Montpellier, 1832.

Il applique, en effet, la qualification d'analogue « à la partie ou organe qui dans un animal possède la même fonction qu'une autre partie ou un autre organe dans un animal différent », et il nomme homologue « le même organe dans les différents animaux sous toutes ses variétés possibles de forme ou de fonction. » L'une et l'autre de ces définitions s'appliquent également aux organes qu'on est convenu d'appeler analogues, et elles relèvent toutes deux des principes formulés par E. Geoffroy et par les auteurs qui se sont le plus occupés de la théorie des analogues.

La considération de la fonction doit être pour peu de chose dans la détermination des organes homologues, et elle trompe même souvent lorsqu'on y a recours pour établir si de tels organes sont analogues entre eux. En voici un exemple :

Si, comme le supposent E. Geoffroy et Spix, les os operculaires des poissons sont les osselets de l'ouïe des vertébrés aériens hypertrophiés et affectés à un usage tout différent de celui qu'ils ont dans les classes supérieures, ces organes doivent être considérés comme analogues les uns des autres; mais leur homologie reste incertaine, puisque nous ne savons encore à quel groupe d'organes homologues il faudrait les rapporter, et ici les doutes soulevés quant à leur homologie rendent très-peu probable l'analogie que nous venons de rappeler, puisqu'il est bien certain qu'avant d'être analogues l'un de l'autre, deux organes doivent appartenir à la même série d'homologues. C'est pour la même raison que je ne puis pas dire, avec M. Owen, que le parachute costal du dragon est l'analogue de l'aile de l'oiseau puisqu'il est composé par des côtes, tandis que l'aile n'est qu'une forme de membre affectée à la locomotion aérienne. Il y a là substitution d'un organe à un autre en vue d'une même fonction; il n'y a pas des organes analogues.

La fonction tactile nous offre de nombreux exemples des erreurs dans lesquelles on tomberait si l'on voulait donner le même nom à tous les organes que les animaux emploient au même usage, et si l'on essayait de trouver entre eux des analogies organiques.

L'homme touche avec ses mains; les singes avec leurs quatre extrémités, mais principalement avec les inférieures; quelques-uns se servent aussi de leur queue, ce que font les espèces chez lesquelles cet organe est préhensile, et cette particularité se retrouve dans plusieurs autres groupes; l'éléphant, le tapir, le cochon et divers insectivores touchent avec leur nez qui est en forme de trompe plus ou moins allongée; les phoques recueillent les mêmes impressions au moyen des soies de leurs moustaches, qu'on appelle des vibrisses. Chez les poissons, ces sensations ont pour organes, tantôt des rayons détachés de la nageoire antérieure (trigles), tantôt les premiers rayons de la dorsale qui prennent alors une forme toute particulière (baudroie), tantôt enfin des barbillons cutanés placés auprès des lèvres (mulle, morue, barbeau, loche, etc.).

Les organes tactiles des animaux sans vertèbres ne sont ni moins variés ni moins différents entre eux, quant à leur nature. Les antennes des insectes, les bras cotylifères des céphalopodes, les cirrhes des échinodermes, les tentacules des actinies, etc., n'ont entre eux aucun rapport d'analogie, quoique servant tous au toucher, et ils ne sont pas plus que les organes des animaux supérieurs affectés aux mêmes usages, des transformations d'une seule et même partie. L'étude de l'une de ces parties envisagée dans une des espèces où elle conserverait sa forme typique, ne saurait donc être regardée comme susceptible d'éclairer la notion morphologique de toutes les autres.

Ces remarques nous montrent que les principes qui guident les zoologistes dans la recherche des analogies et des homologies organiques, sont les mêmes que ceux que Goethe ou De Candolle et son école ont mis en pratique pour établir la métamorphose des plantes et la symétrie florale.

Essayons maintenant de faire quelques applications de ces principes à la théorie des organes des animaux.

Les organes des animaux peuvent être facilement rapportés à des séries d'homologues ; mais ces séries sont plus nombreuses que celles reconnues chez les végétaux. Cela est en rapport avec l'incontestable supériorité que présentent presque toutes les classes du règne animal par rapport aux diverses sortes de plantes.

Les différents tissus, épidermique, connectif, musculaire, etc., dont les organes des animaux sont constitués, donnent lieu par suite de leur association à une première catégorie de parties connues sous le nom de *membranes*, et dont le rôle est plus général et habituellement plus important que celui des autres organes. Leur présence montre d'ailleurs une constance presque absolue dans les différentes espèces d'animaux, tandis qu'il n'en est pas ainsi de la plupart des autres organes que l'on voit successivement apparaître à mesure que l'on s'élève dans l'échelle de ces êtres. Les membranes sont distinguées en dermiques, muqueuses, fibreuses ou séreuses, suivant leurs dispositions respectives, leurs fonctions ou les caractères anatomiques qu'on leur reconnaît; mais leurs différences anatomiques résident plutôt dans la proportion relative des éléments histologiques qui les constituent que dans leur nature propre, et la physiologie autant que la pathologie nous apprend qu'elles ont entre elles des rapports très-nombreux, soit qu'elles appartiennent à la peau externe, soit qu'elles forment le tube digestif, les organes respiratoires, les organes génitaux, les méninges, etc.

De semblables relations existent entre les *organes sécréteurs*, quel que soit leur produit, leur siège ou leur volume, et le principe des coalescences en fait découvrir toutes les transformations, puisqu'il nous montre qu'entre les glandes les plus simples et les glandes les plus volumineuses ou les plus complexes la différence consiste surtout en ce que les premières sont des éléments glandulaires dissociés, tandis que les autres sont des réunions, sous forme conglomérée, des mêmes organes élémentaires. En étudiant le développement du foie ou celui du rein dans les animaux les plus élevés, on remarque, si l'on commence cette étude aux premiers âges de la vie embryonnaire, que ces organes diffèrent alors à peine des glandes simples auxquelles nous les avons comparés, et que ce n'est que successivement que la réunion de tous ces petits foies ou petits reins élémentaires a lieu ; de telle sorte que la coalescence est ici encore la principale cause de la complication que nous observons. On reconnaît en anatomie comparée la vérité de cette observation due à l'organogénie, lorsque, descendant la série des êtres, on voit successivement le rein, le foie, l'ovaire et tous les organes complexes qui rentrent dans la même série d'homologues, se simplifier de manière à reproduire le type primitif et élémentaire de tout appareil sécréteur, c'est-à-dire le *crypte*.

De Blainville a nommé *phanères* une autre série d'organes que, dans le système que nous exposons ici, il aurait aussi appelés des *organes homologues ;* ce sont : les poils, les piquants des mammifères, les ongles ou les griffes, les plumes des oiseaux, les écailles des poissons, les coquilles des mollusques, et jusqu'aux dents et aux bulbes formant les organes de l'ouïe et de la vue. Que ces parties de l'organisme doivent ou non rentrer dans une seule et même série d'homologues, ou qu'il soit utile de les partager en plusieurs séries, la question n'est pas là ; ce qu'il importe d'établir, c'est que ceux d'entre eux qui ont réellement ce caractère, les uns par rapport aux autres, peuvent se répéter dans l'organisme de chaque animal, et que leur forme y présente, suivant les fonctions qu'ils ont à remplir, des différences très-capables, dans bien des cas, de dissimuler leur identité de nature et leur communauté d'origine. Je reviendrai sur les dents à propos du squelette, et n'insisterai en ce moment que sur les bulbes sensoriaux, pour rappeler que, s'ils diffèrent beaucoup chez les animaux supérieurs, ils sont tellement semblables entre eux dans certaines espèces d'invertébrés, qu'on a parfois, chez ces derniers, pris l'œil pour l'oreille, et *vice versâ*.

Les *os* sont un autre exemple de ces organes formant une catégorie à part dans l'économie animale, et dont l'étude est accessible à l'anatomie philosophique, en tant qu'elle recherche les analogies que tel ou tel d'entre eux présente dans la série des animaux vertébrés, ou, dans un autre ordre d'idées, les répétitions que chaque sorte de parties osseuses peut présenter dans tout animal vertébré pris individuellement. Les vertèbres se répètent pour former la colonne vertébrale; les rayons des nageoires impaires et ceux des membres se répètent chez les poissons pour fournir à ces animaux leurs principaux organes de locomotion; les doigts se répètent pour former la partie terminale des membres; enfin, les vertèbres caudales se répètent pour devenir une queue. Leur développement et leur multiplicité donnent naissance à la queue, si allongée d'un grand nombre d'animaux; leur avortement ou leur atrophie fait disparaître cet organe, ou le réduit à des proportions exiguës dans l'homme et dans certaines autres espèces.

La charpente osseuse ou le squelette comprend d'abord l'ensemble des parties mises à la disposition du système nerveux de la vie de relation, et des muscles qu'ils ont sous leur dépendance : cet ensemble est souvent compris sous la dénomination unique de *névro-squelette.*

Le névro-squelette est formé par les membres, appendices libres, homologues entre eux, et par le tronc dans lequel on peut aisément distinguer, comme on l'observe aussi dans les végétaux phanérogames, une partie axile et des parties appendiculaires.

La partie axile est fournie par les corps des vertèbres qui ont succédé à la corde dorsale. Quant aux pièces appendiculaires, elles sont de deux ordres, suivant qu'elles appartiennent au cercle nerveux de chaque vertèbre ou à son cercle viscéral.

Les premières, postérieures chez l'homme, supérieures au contraire chez les animaux, sont destinées à la protection du système nerveux encéphalo-rachidien, et elles forment, par la réunion de leurs extrémités sur la ligne médiane, les anneaux successifs dans lesquels ce système est renfermé. Les secondes, ou les viscérales, sont antérieures ou inférieures, et elles répondent par leur ensemble au grand canal osseux interrompu par endroits, dilaté ou rétréci ailleurs, qui protège le système viscéral de la vie nutritive.

Les pièces appartenant à la partie neurale des vertèbres sont les os de la voûte crânienne et les apophyses épineuses des vertèbres. Celles qui fournissent les portions viscérales sont : à la tête, les os incisifs, les maxillaires supérieur et inférieur, ainsi que plusieurs pièces s'y rattachant, et l'arc hyoïdien ; au-dessous, au cou et au tronc, les os de l'épaule, les côtes et les os pelviens ; à la queue, les os appelés *os en V*.

D'un segment du corps à un autre, d'une espèce à une autre espèce souvent peu éloignée de la précédente, le nombre des parties composant chaque anneau vertébral peut changer. Celui de ces anneaux envisagés dans leur succession n'est pas non plus le même ; c'est ce que l'on reconnaît, si l'on compare entre elles les vertèbres du crâne et celles des autres régions, depuis le cou jusqu'à l'extrémité de la partie coccygienne. Toutefois, leur caractère d'homologie les uns avec les autres subsiste, et la théorie des métamorphoses ne leur est pas moins applicable qu'aux modifications présentées par la série des entre-nœuds des végétaux et par leurs parties appendiculaires étudiées dans la série des espèces phanérogames. La théorie des analogues trouve, à son tour, de nombreuses occasions d'appliquer à l'analyse de tous ces détails les principes qui la guident dans ses investigations. Les immenses travaux de Cuvier, de Meckel, de Geoffroy Saint-Hilaire, de De Blainville, de Spix, de M. Owen et de beaucoup d'autres anatomistes modernes, ont en grande partie pour objet l'étude du squelette des animaux vertébrés, et sa comparaison avec le squelette humain examiné aux différents âges.

Le crâne est la région qui les a le plus occupés. Semblable à la fleur dans les végétaux, il est, en effet, la partie la plus importante de tout le squelette et la plus difficile à bien comprendre.

La vertèbre, ou, pour réunir sous un seul nom toutes les parties qui se rattachent à chaque segment osseux du squelette proprement dit, l'*ostéodesme*, ne répond pas, comme on l'a dit souvent, au zoonite, tel que l'avait défini Dugès ; il n'en est que la charpente, et c'est aussi par erreur qu'on l'a comparé au segment cutané de l'animal articulé qui sert de moyen de protection à chacun des zoonites.

Au point de vue de la morphologie rationnelle, les anneaux chitineux de l'animal articulé trouvent leurs analogues dans les anneaux osseux que l'on voit à la surface de la peau de certains vertébrés, et qui ont pour origine des ossifications annulaires envahissant la peau : c'est alors ce qu'on appelle le *dermato-squelette*.

Plus ou moins confondus avec ceux du névro-squelette ou squelette proprement dit chez les chéloniens, ces anneaux dermato-squelettiques, ou du squelette cutané des vertébrés, sont faciles à étudier chez les tatous, les coffres, les syngnathes et quelques autres. On les attribuerait à tort à une pure métamorphose du derme, dont ils n'ont ni les caractères microscopiques ni l'origine.

Les éléments histologiques auxquels ils sont dus ne sont, en effet, que des cellules osseuses comparables à celles du squelette ordinaire, et qui se développent dans la peau de certaines espèces, comme il s'en développe aussi dans la sclérotique des oiseaux, des reptiles ou des poissons, dans le cœur de quelques ruminants (os du cœur du cerf et du bœuf), dans le pénis de différents mammifères (quadrumanes, carnivores, cétacés), etc. Ce sont là autant de cas de la substitution d'un tissu à d'autres tissus, et cette substitution s'opère conformément aux règles particulières du développement de chacune de ces espèces.

Les *dents* sont encore autre chose, et, pour continuer notre comparaison empruntée à la classification des êtres organisés, elles forment aussi un genre à part dans les cadres organographiques. Elles ont à la fois de la ressemblance avec les os et avec les phanères, et De Blainville les rapportait à la même catégorie que ces derniers.

En se laissant guider par le principe des homologues, on reconnaît que le mot dents ne doit pas être exclusivement appliqué aux pièces dures et propres à la mastication qui garnissent les mâchoires des mammifères ou des autres animaux vertébrés, et que des parties en tout semblables à celles-là, mais qui montrent des formes très-différentes, peuvent exister au vomer, aux os palatins, sur les arcs branchiaux, aux saillies de la colonne vertébrale, qu'on nomme à tort apophyses épineuses inférieures [1], et à la surface extérieure du corps. C'est ainsi que nous voyons sur le rostre des scies et sur presque toutes les parties de la peau des poissons sélaciens, des organes qu'on doit rapporter à la même série homologue que les dents. Chez les sélaciens (raies et squales), elles forment les boucles et tous ces petits organes endurcis qui ont fait donner à ces animaux le nom de placoïdes par M. Agassiz.

Les animaux articulés ont été, comme les vertébrés, l'objet d'un grand nombre de recherches, dans lesquelles on a essayé d'établir les rapports homologiques que les différentes parties de leur corps ont entre elles.

[1] Chez le *Coluber scaber* et les autres espèces du genre *Aodon* ou *Rachiodon*, qui sont des ophidiens particuliers à l'Afrique.

Les différents segments dont se compose le corps des insectes, des crustacés ou des vers, sont, comme les ostéodesmes, des parties homologues. Ils sont susceptibles de nombreuses transformations suivant la région qu'ils occupent, et l'on remarque aussi que leurs métamorphoses sont d'autant plus grandes que les animaux chez lesquels on les observe sont aussi plus parfaits. Cette métamorphose est plus profonde chez les insectes qu'elle ne l'est chez les myriapodes ou les vers, et souvent la coalescence des parties vient lui donner une complication plus grande encore. Les divers anneaux des animaux articulés, ou l'enveloppe de leurs segments que Dugès appelait *zoonites* [1], sont donc des parties homologues les unes des autres, qu'ils appartiennent à la tête, au thorax ou à l'abdomen, et les appendices qu'ils supportent le sont également entre eux, qu'ils soient transformés en pièces buccales, en pieds-mâchoires, en appendices locomoteurs, en fausses pattes abdominales, ou en parties encore différentes de celles-là. Leur anologie avec les membres des animaux vertébrés n'est pas contestable, quoique leurs pièces dures ne répondent pas anatomiquement aux pièces également résistantes qui servent de levier à ces derniers.

Chez les animaux articulés condylopodes, les pièces dures servant de soutien aux membres sont comme

[1] Ce mot a été proposé par M. Moquin-Tandon.

les anneaux du tronc des endurcissements chitineux de la peau ; tandis que chez les vertébrés ce sont des os, c'est-à-dire des pièces d'un tout autre genre. Cette distinction est applicable aux anneaux dits zoonites. Si on les compare aux vertèbres, on reconnait bientôt qu'il n'y a entre ces parties aucune similitude anatomique, et la persistance que la plupart des auteurs ont mise à soutenir qu'elles sont analogues, est une nouvelle preuve de la facilité avec laquelle on s'égare lorsqu'on se laisse guider dans les déterminations de ce genre par la fonction des organes, au lieu de rechercher leurs véritables rapports anatomiques.

C'est à ces cercles endurcis de la peau de certains animaux vertébrés dont nous avons rappelé plus haut les noms, que correspondent les anneaux des entomozoaires, car ils ont avec eux pour caractère commun d'être également extérieurs. On s'est écarté de la réalité lorsqu'on a voulu y voir les analogues des vertèbres ; et l'une des plus graves infractions au principe des connexions a été de dire que les animaux vertébrés ont les vertèbres dans l'intérieur de leur corps, tandis que chez les insectes c'est le corps qui est dans les vertèbres. Le prétendu retournement des tortues, invoqué à cet égard, ne prouve absolument rien, et d'ailleurs on démontre aisément qu'il n'existe pas.

En zoologie comme en botanique, l'examen des monstruosités présente aussi un intérêt spécial à cause des données que ces déviations aux formes ordinaires fournissent pour la détermination précise des organes.

Depuis le commencement du XIXe siècle, beaucoup d'auteurs, à la tête desquels se placent Meckel, E. Geoffroy Saint-Hilaire, Otto, ainsi que MM. Vrolich, Serres et Is. Geoffroy, se sont appliqués à faire connaître d'une manière scientifique ces altérations quelquefois si profondes des formes spécifiques; et, ici comme en botanique, on les a expliquées par la théorie des arrêts ou des excès de développement, par celle des métamorphoses, par les soudures ou coalescences, en un mot par les différentes règles qui servent à faire comprendre les animaux normaux ou les plantes normales. Toutes ces dispositions en apparence si contraires ou si difficiles à interpréter ont pu, dès-lors, être expliquées. Les données qu'on en a tirées ont été habilement appliquées à la théorie des êtres normaux envisagés sous le double rapport de leurs analogies organiques, et aussi des homologies qui relient entre eux certains de leurs organes. Nous regrettons de ne pouvoir signaler même les principaux résultats de cette curieuse comparaison. C'est surtout de la métamorphose des organes envisagés à l'état normal que nous devions nous préoccuper.

DEUXIÈME PARTIE.

DES GÉNÉRATIONS ALTERNANTES.

CHAPITRE I.

REMARQUES GÉNÉRALES.

C'est en étudiant les espèces dans les deux règnes, si différentes qu'elles soient les unes des autres, que nous arrivons à nous faire une idée exacte de la nature des êtres organisés, et en remontant du particulier au général, en saisissant les rapports qui les relient entre elles, ou ceux qui existent entre leurs organes, nous trouvons enfin quelques-unes des lois auxquelles les êtres vivants sont subordonnés dans leur ensemble.

La base de toute connaissance en histoire naturelle est donc la notion des espèces. Cependant, il faut bien l'avouer, rien n'est plus difficile à définir avec précision.

Dans certains cas, l'âge modifie différemment les individus qui composent chacune d'elles; dans d'autres, l'influence des stations n'est pas étrangère aux altérations qu'elles nous présentent, et l'homme lui-même, se substituant à la nature, peut les transformer dans certaines limites suivant les services qu'il en attend.

D'autres fois encore il les confond entre elles, et détruit au moyen de l'hybridation les limites qu'on pourrait leur assigner si on les prenait telles qu'elles se présentent à nous dans l'état de liberté.

Comment accepter devant ces résultats de l'observation, et comment appliquer, dans la pratique de nos travaux de chaque jour, les définitions que les grands maîtres de la science moderne, Buffon, De Jussieu, Cuvier, De Blainville, nous ont laissées au sujet de l'espèce? On serait tenté de revenir à celle de Linné s'il n'était facile d'apercevoir qu'elle est plus spirituelle que profonde : *Species tot numeramus quot diversæ formæ in principio sunt creatæ*, et si l'on pouvait la compléter réellement par cette phrase empruntée au même auteur : *Quæ formæ, secundùm generationis inditas leges, produxere plures, at sibi semper similes.* A quoi Linné ajoute : *Ergò species tot sunt, quot diversæ formæ seu structuræ hodienùm occurrunt.*

Les faits que possède maintenant la science, et dont nous allons parler dans cette seconde partie de notre travail sous le titre commun de *Générations alternantes*, nous font voir que l'espèce est loin d'être toujours identique à elle-même, et qu'on ne saurait, dans tous les cas, la définir en disant, avec la plupart des naturalistes, qu'elle est la collection des individus qui se perpétuent en se ressemblant entre eux plus qu'ils ne ressemblent aux autres, et qui descendent les uns des autres par voie de génération directe. En effet, nous ne saurions plus dire avec A.-L. de Jussieu, à propos des individus dont se compose chaque espèce : *Sunt omnibus suis partibus simillima, et continuatâ generationum serie semper conformia, ita ut quodlibet individuum sit vera totius speciei præteritæ et præsentis et futuræ effigies.*

Il en est des espèces comme des organes qui les constituent. Elles subissent des métamorphoses, non pas seulement dans la série des âges que traverse chaque individu, mais aussi dans la série de leurs générations, et telle forme peut en engendrer une autre toute différente dans ses organes comme dans les fonctions qu'elle exécute, sauf à revenir, par une alternance aujourd'hui bien démontrée et après une nouvelle génération, aux caractères sous lesquels d'autres individus nous avaient d'abord représenté la même espèce. La diversité des sexes, quelles que soient les différences organiques dont elle est accompagnée chez les animaux supérieurs, n'est en rien comparable aux contrastes que la génération alternante nous permet d'observer. Ceux-ci sont tels qu'on a parfois placé dans des classes distinctes les unes des autres des êtres qui ne sont cependant que des états différents d'une seule et même espèce.

Les détails dans lesquels nous entrerons à cet égard, nous feront voir combien il importe au naturaliste de se prémunir contre les illusions de ce singulier polymorphisme, dont tant d'espèces de rangs inférieurs du règne animal et la plupart de celles du règne végétal sont maintenant reconnues susceptibles.

Quelques faits, depuis assez long-temps inscrits dans la science, avaient mis les naturalistes sur la voie du phénomène qui va nous occuper; mais, il faut bien le dire, ils n'avaient point été suffisamment remarqués, et les vues régnantes, la plupart inspirées par la théorie de l'évolution organique, retenaient les naturalistes dans une opinion peu profitable aux progrès de l'histoire naturelle. D'ailleurs, peu d'observateurs s'appliquaient encore, dans le courant du dernier siècle, à suivre les métamorphoses des animaux marins, ou à scruter leur organisation dans ses détails les plus intimes comme on l'a fait depuis; en outre, la théorie de l'individualité chez les végétaux restait à établir. Les premières idées qu'on s'était faites à l'égard de l'épigénésie avaient elles-mêmes besoin d'être perfectionnées.

Cependant, vers la fin du dernier siècle, Bonnet avait fait voir que les pucerons n'ont pas besoin d'être fécondés pour se reproduire, et que chez eux il peut y avoir, sans copulation, engendrement d'une succession plus ou moins nombreuse de femelles, les œufs qui sont soumis à l'imprégnation n'étant pondus qu'en automne et dans le but principal d'assurer la conservation de l'espèce pendant toute la saison d'hiver.

Mais ce n'était peut-être pas là, quoi qu'on en ait dit, un fait de véritable génération alternante, et d'ailleurs la différence entre les individus nés sans fécondation et de ceux qui sortent des œufs fécondés était loin d'avoir l'importance qu'elle présente dans la plupart des cas que nous aurons à décrire. Des observations nouvelles étaient nécessaires pour montrer la signification de cet ordre curieux et nouveau de phénomènes.

Quant aux vers intestinaux de la famille des cestoïdes ou rubanés, tels que les ténias, on se faisait une tout autre idée de leur mode de multiplication, et les auteurs peu nombreux qui avaient songé à les regarder comme des associations d'individus, au lieu d'y voir des êtres simples, n'avaient convaincu personne.

Restaient quelques faits relatifs aux vers sétigères, c'est-à-dire aux annélides chétopodes, faits signalés par Roesel et par O.-F. Muller ; mais la scissiparité ou génération par division pouvait, à la rigueur, suffire à les expliquer tout aussi bien que ceux analogues fournis par l'observation des zoophytes. D'ailleurs, combien de nouvelles recherches ne fallait-il pas entreprendre, même pour rendre compte de la génération opérée par de véritables œufs telle qu'on la voit dans la plupart des animaux des classes inférieures ! Et cette incertitude devait durer long-temps encore, puisque nous voyons que dans les derniers ouvrages de De Blainville beaucoup de mollusques sont encore considérés comme n'étant pourvus que du sexe femelle, et qu'on attribuait le même caractère à l'ensemble des animaux radiaires. Les partisans de la génération spontanée s'autorisaient, à leur tour, des opinions reçues concernant la classe des vers intestinaux et plusieurs autres classes parmi celles que l'on réunissait alors sous la dénomination de radiaires ou zoophytes.

Une observation d'Adelbert de Chamisso, sur laquelle nous reviendrons plus loin, mit enfin sur la voie de cet ordre si remarquable et si bizarre de phénomènes génésiques auxquels revient en propre la dénomination de génération alternante. Elle avait trait aux biphores (genre *Salpa*), animaux pélagiens de la division des molluscoïdes ou tuniciers, que le naturaliste poète de Berlin avait eu fréquemment l'occasion d'étudier pendant son voyage de circumnavigation avec Kotzebue.

Ces animaux se présentent sous deux formes toujours issues l'une de l'autre et qui se répètent d'une manière alternante; en sorte, dit Chamisso, que « tel biphore diffère également de sa mère et de ses fils, et est semblable à son aïeul, à ses neveux et à ses frères. »

Dans son article *Salpa* du Dictionnaire des sciences naturelles, De Blainville rappelle la découverte de Chamisso ; mais il se borne à traduire le passage du mémoire de cet auteur qui y est relatif, déclarant sincèrement qu'il « ne conçoit pas trop ce que dit M. de Chamisso à cet égard. »

Le fait signalé par ce dernier remonte à 1819. Quelques observations analogues ne furent guère plus remarquées ni mieux comprises, les esprits étant surtout préoccupés à cette époque de la science des questions de classification, et l'important pour assurer les progrès de l'histoire naturelle étant au même moment de faire le recensement général des êtres dont se compose l'ensemble des deux règnes animés, bien plutôt que d'en apprécier les principales transformations physiologiques, du moins en ce qui regarde les êtres dont il s'agit ici. C'est pourquoi l'on n'attribua pas leur véritable signification aux remarques qui furent successivement faites sur la manière dont se propagent les ascidies composées, les bryozoaires, les polypes, les méduses, etc.

On méconnut aussi complètement la signification des cercaires, que la plupart des auteurs continuèrent à regarder comme des infusoires, ainsi que O.-F. Muller avait proposé de le faire. Les stéphanomies et les autres acalèphes hydrostatiques furent à leur tour considérés comme des animaux simples, tandis que ce sont des êtres polyzoïques. Enfin, on rangea dans des classes distinctes, et cela à cause de la différence de leurs formes, des êtres qu'il fallut plus tard reconnaître pour des animaux de même espèce; et les végétaux phanérogames, de même que les végétaux cryptogames, furent pris pendant long-temps encore, malgré la judicieuse théorie de Dupetit-Thouars, pour des êtres simples.

CHAPITRE II.

GÉNÉRATIONS ALTERNANTES CHEZ LES ANIMAUX.

Cependant les faits nouveaux s'accumulaient dans la science, et les données de la génération gemmipare ou scissipare ne suffisaient plus à les expliquer convenablement. Ce fut alors qu'un naturaliste danois à la fois versé dans la connaissance des animaux et dans celle des végétaux, M. le professeur STEENSTRUP, fit paraître son traité *de la génération alternante* [1], dont il y eut bientôt une édition anglaise publiée sous les auspices de la société de Ray, par M. George Busch.

M. Steenstrup montrait dans son ouvrage les rapports qui relient les faits déjà consignés dans les livres, et dont la véritable théorie avait été jusqu'alors méconnue; il se fondait aussi sur des études personnelles relatives à différents groupes des animaux inférieurs et aux plantes.

L'auteur de cet important travail prend la question au point de vue où l'avait placée Chamisso, celui de l'alternance des générations; et, réunissant dans une catégorie commune, dont nous parlerons sous

[1] *Uber den Generationswechsel, oder Fortpflanzung und Entwickelung durch abwechselnde Generationen.* Copenhague, 1842.

le nom de *génération agame*, tous les faits de reproduction dans lesquels il n'y a ni intervention des organes sexuels ni fécondation (que cette génération agame, si fréquente chez les animaux inférieurs et chez les végétaux, ait lieu par bulbille, par bourgeon, par gemmation, par division, etc.), il les oppose à la génération sexipare. Dès-lors, montrant qu'elle est insuffisante pour perpétuer à elle seule l'espèce, il en établit l'alternance nécessaire avec la seconde, qui reste chargée, si inférieur que soit l'être observé, de fournir les germes essentiels, tandis que les individus nés par agamie ne sont, pour ainsi dire, que des êtres secondaires. En effet, leur existence, si fixe qu'elle soit dans certaines espèces, n'est cependant pas générale, et les animaux d'un même groupe peuvent posséder la génération alternante ou n'avoir que la génération sexiée. Ajoutons que M. Steenstrup donne des noms aux diverses formes d'individualités qu'il est conduit à distinguer, et dont la succession généalogique constitue le cycle de la génération successivement agame et sexipare, ou, comme le dit son mémoire, l'alternance dans les générations.

Dans cette succession, l'individu agame, mais susceptible de reproduire son espèce, a une forme différente des individus sexipares qui descendront de lui : c'est lui qu'on a pris le plus souvent pour une larve. M. Steenstrup l'appelle une nourrice *(amma)*, et lorsqu'il y a succession de deux sortes de ces nourrices, il distingue des *grand'-nourrices* et des *nourrices proprement dites*, comme on dit grand'-mère et mère. Chamisso, qui n'avait vu de ces nourrices que d'une seule sorte, les nommait *aïeules*.

Ces reproducteurs agames ne méritent pas, suivant le savant naturaliste danois, le nom de grand'-mères et de mères, parce que, dans son opinion, ils n'engendrent réellement pas, comme le font de véritables parents ; il admet qu'ils portent avec eux dès leur naissance une progéniture qui leur a été transmise au moyen de l'œuf fécondé par l'individu sexipare. Comme on le voit, et ainsi que M. de Quatrefages en a fait la remarque dans son savant travail sur les métamorphoses, l'opinion de M. Steenstrup est, à bien peu près, une sorte de retour à la théorie de l'emboîtement des germes. C'est là ce qui a inspiré au naturaliste français une réflexion que nous devons rappeler ici, et dont l'argument est tiré de la génération si connue des pucerons.

Chez ces insectes, dit M. de Quatrefages, « dix ou douze générations s'interposent parfois entre les deux générations pourvues d'organes reproducteurs, et nous avons vu qu'un seul insecte sorti d'un œuf produit des millions d'individus. L'œuf renfermait donc autant de germes emboîtés les uns dans les autres? Évidemment non. Aussi M. Steenstrup s'est-il bien gardé de tirer une pareille conclusion, qui l'eût directement conduit à la théorie de Bonnet. » M. Steenstrup a-t-il été plus heureux dans cette question, si difficile et si complexe, lorsqu'il a comparé les nourrices aux neutres dans les colonies des termites, des abeilles et des guêpes, et qu'il a fait de leur mode d'apparition des phénomènes du même ordre?

Évidemment, cette comparaison laisse encore à désirer, puisque les neutres, dans un cas bien connu pour les abeilles, peuvent, par une sorte de rupture de l'arrêt de développement qui les rendait stériles, acquérir la fécondité des femelles. On sait qu'elles n'en sont qu'un état imparfait approprié aux services domestiques de la ruche.

Au contraire, à aucune époque de leur existence les nourrices n'ont d'organes reproducteurs, et cependant elles engendrent des êtres sexiés. Nous verrons pourtant que ceux-ci prennent naissance dans une partie déterminée de leur corps, qui reste la même pour chaque espèce de nourrices.

Ces deux phénomènes, la génération *sine concubitu* des insectes (abeilles, etc.), et la génération alternante due à des individus différents, dont les uns ont des sexes tandis que les autres en sont privés, sont deux choses éminemment distinctes.

En 1849, M. Richard Owen a publié sous le titre de *Génération virginale*[1] des considérations relatives à la génération alternante, et il a proposé de nommer

[1] Owen, *Parthenogenesis*.

Parthénogénésie les procréations intermédiaires à deux générations sexipares qui forment un des termes de l'alternance précédemment indiquée par M. Steenstrup. Mais cette dénomination, sous laquelle il comprend à la fois la vraie génération agame et celle des femelles vierges, a conservé un sens un peu différent de celui que le savant anatomiste anglais proposait d'abord de lui donner, et lui-même s'est servi du mot *méta-génésie* pour indiquer la génération agame, interrompant la série des générations qui s'opèrent au moyen de sexes.

D'après M. Owen, toutes ces générations sans fécondation, celles des êtres parthénogénèses comme celles des métagénèses, ne seraient qu'un résultat de la reproduction par fécondation ordinaire, dont la force spéciale pourrait se transmettre à travers plusieurs générations, sans que les éléments matériels fournis par l'appareil mâle aient nécessairement à intervenir dans chaque engendrement; et il fait remarquer que, si chez les animaux supérieurs la puissance fécondatrice ne s'obtient que par l'imprégnation du produit de l'ovaire et pour chaque œuf soumis à cette imprégnation, il arrive, au contraire, chez les animaux inférieurs et chez les plantes, que la puissance s'en transmet à plusieurs générations par le moyen des éléments matériels fournis ultérieurement aux êtres engendrés. Pour

[1] *Metagenesis.*

lui, l'agamie engendrant sans organes sexuels serait donc plus apparente qu'elle n'est réelle, car on peut en faire remonter la fécondation à la cellule germinative de l'œuf qui sert de souche à toute la lignée des nouveaux êtres nés à travers l'être agame.

Dans l'opinion de M. Owen, la génération agame ne diffère par conséquent de la génération sexipare que parce qu'elle est médiate au lieu d'être immédiate, et c'est là pourquoi il propose aussi de la nommer *métagénésie*.

Sans discuter la théorie peut-être spécieuse de ce célèbre naturaliste, nous adopterons le mot de *métagénésie* dont il se sert pour désigner le phénomène des générations sans fécondation alternant avec des générations ovariques, et nous l'appellerons quelquefois, dans la suite de ce travail, *reproduction métagénétique*. C'est le même sens qu'il faut attribuer à la *génération hétéromorphe* de M. Krohn et à la *généagénèse* de M. de Quatrefages [1].

M. Van Beneden a été conduit par ses recherches sur la transformation de campanulaires en méduses, et par ses beaux travaux sur les vers cestoïdes, à discuter plusieurs des questions relatives à la génération alter-

[1] *Généagénèse*, c'est-à-dire engendrement de générations. Voir les intéressants articles, insérés dans la *Revue des deux mondes*, que M. de Quatrefages a consacrés aux métamorphoses envisagées sous le point de vue de la physiologie comparée.

nante que MM. Steenstrup et Owen avaient exposées de leur côté. Il nomme *digénèses* les animaux doués de générations alternantes, et, en se fondant sur les phases de l'évolution successive des vers cestoïdes il a été conduit [1] à distinguer, comme en représentant la série, les divers états d'*œufs*, de *scolex* (divisibles en *proto* et *deuto-scolex*), de *strobile* et de *proglottis*. Ces termes, dont M. Van Beneden et moi avons donné ailleurs [2] la signification, doivent être expliqués ici de nouveau parce qu'ils reviendront fréquemment dans les chapitres qui vont suivre, et qu'ils sont la clef de toute la théorie de la digénèse.

1° L'*œuf* est produit, ainsi que nous l'avons dit, par voie de génération directe, et, sauf les cas de parthénogénésie dont nous n'avons pas encore à nous occuper, il doit, pour ne pas rester inefficace, être fécondé au moyen de spermatozoïdes fournis par l'appareil mâle. Il est lui-même, et d'une manière nécessaire, le produit de l'ovaire, c'est-à-dire de la glande femelle. C'est moins un état individuel de l'espèce toujours plus ou moins polymorphe des animaux métagénétiques, que la première forme, sous laquelle apparaîtra le proglottis, c'est-à-dire la grand'-nourrice des animaux dits hétérogènes par M. Krohn ou généagénèses par M. de

[1] Van Beneden, *ses Vers cestoïdes ou acotyles*, in-4°. Bruxelles, 1850.

[2] Paul Gervais et Van Beneden, *Zoologie médicale*, T. II, p. 221.

Quatrefages. On ne le distingue, d'ailleurs, par aucun caractère certain de l'œuf des espèces ordinaires, c'est-à-dire à génération non alternante. Il est digne de remarque cependant que, pour les animaux appartenant à une même classe, l'œuf a son vitellus plus considérable dans ceux dont la génération est uniquement directe (les animaux monogénèses de M. Van Beneden), et moins considérable, au contraire, dans ceux qui sont digénèses. L'ordre des vers trématodes, qui comprend des espèces ectoparasites [1], toutes monogénèses, et des espèces endoparasites (les distomaires), nous offre un exemple remarquable de cette diversité.

2° Le *scolex (proto-scolex* et *deuto-scolex).* O.-F. Muller avait établi parmi les cestoïdes un genre de vers qu'après un examen plus complet on a reconnu n'avoir pour objet qu'un premier âge d'autres animaux du même ordre, formant un genre déjà dénommé; et, dans la théorie du monozoisme de ces helminthes, on a dû, lorsqu'on a rectifié cette erreur échappée à l'auteur du *Fauna danica,* dire que ces scolex n'étaient que de jeunes vers du grand groupe des bothriocéphales, observés pendant leur jeune âge et pris à tort pour des vers adultes différents de ceux-là. En passant

[1] On appelle *ectoparasites* les animaux ou les plantes qui se tiennent à la surface extérieure des êtres organisés aux dépens desquels ils vivent; les *entoparasites* pénètrent au contraire dans les cavités intérieures ou même dans la profondeur des parenchymes.

avec les poissons dont ils sont parasites dans les corps des oiseaux qui se nourrissent de ces poissons, les scolex de Muller continuent en effet leur développement. Leurs anneaux générateurs se multiplient et acquièrent des organes mâles et femelles de reproduction. Ils deviennent alors des bothriocéphales, et sont comparables aux ténias de l'homme au moment où leurs articles vont se détacher les uns des autres pour former des cucurbitains. Le mot *scolex* ayant perdu son acception en tant que dénomination générique par suite de la suppression du genre qu'il indiquait, M. Van Beneden a proposé de l'étendre comme désignation collective à tous les animaux agames, quelle qu'en soit l'espèce. Ils naissent des œufs à vitellus restreint dont nous parlions tout-à-l'heure, et ils ne sont qu'une forme intermédiaire entre la forme génératrice initiale ou celle qui a produit ces œufs et la forme terminant le cycle d'alternation, c'est-à-dire la forme toujours bisexiée à laquelle ils vont donner naissance. De même que dans les pucerons, il peut y avoir ici plusieurs successions de ces individus agames et chez les vers cotyloïdes ou chez les trématodes endo-parasites, où ils diffèrent sensiblement de forme et de fonction M. Van Beneden les distingue en *proto-scolex* et en *deuto-scolex*. La larve hexacanthe qui naît d'un œuf de ténia est un proto-scolex ; l'hydatide pourvu de sa couronne de crochets, etc., dans lequel elle se transforme ou qui lui succède par génération asexiée, est un deuto-scolex.

3° *Strobile* est, comme scolex, une expression empruntée à la nomenclature inexacte dont les animaux digénèses ont été l'objet de la part des naturalistes. Nous verrons plus loin que dans le cours de ses importants travaux sur les polypo-méduses, M. Sars a regardé pendant quelque temps, comme constituant un genre particulier, une forme de ces animaux issue, comme il l'a reconnu plus tard, d'un autre prétendu genre qu'il avait nommé *scyphistoma ;* absolument comme le ténia articulé naît de sa tête ou scolex. Le strobile de M. Sars se désagrège ensuite en méduses comme le ténia articulé se désagrège aussi en cucurbitains.

Alors M. Van Beneden, imitant ici ce qu'il avait fait à propos des scolex, a étendu la dénomination désormais sans emploi de *strobile* à l'état social des animaux digénèses. C'est l'état pendant lequel le scolex est accompagné des individus générateurs sexiés qu'il a lui-même produits par voie agame. Les vers chétopodes qui poussent en arrière du ver nourricier chez certaines espèces de syllis, chez les myrianes, chez le néréis prolifère de Muller, etc., constituent l'état strobilaire de ces annélides, tout comme les anneaux aplatis du ténia ou du bothriocéphale, etc., sont l'état strobilaire des vers cestoïdes.

Nous reviendrons d'ailleurs bientôt et avec plus de détails sur ces particularités singulières à propos de chacun des groupes digénèses dont nous aurons à faire l'histoire, et nous verrons plus loin que les mêmes interprétations sont facilement applicables au règne végétal, dont elles éclairent singulièrement la morphologie.

4° Quant au mot *proglottis,* il est emprunté à Dujardin, qui, dans un mémoire publié dans les Annales des sciences naturelles, l'avait appliqué à un corps dont il croyait devoir faire aussi un genre à part, comme cela avait eu lieu pour les scolex et pour les strobiles. Ce corps s'est trouvé n'être à son tour qu'une forme dans la série des transformations que subit l'espèce à laquelle il appartient, attendu que cette espèce est encore du nombre de celles qui varient suivant qu'on les envisage dans leurs individus agames, ou, au contraire, dans leurs individus sexipares.

Le proglottis de Dujardin n'était qu'un article détaché d'un ver ténioïde, un cucurbitain véritable, et par conséquent le produit de la désagrégation des différentes individualités dont le strobile des animaux de cet ordre est formé.

L'œuf, les deux scolex, le strobile et le proglottis sont-ils, comme on pourrait le conclure des détails qui précèdent, autant d'états différents sous lesquels une espèce digénèse se présente successivement à nous, et le polymorphisme de ces animaux doit-il être regardé comme quadruple? Évidemment non. Il n'y a que deux états réellement distincts dans ces espèces. L'œuf et le proglottis sont deux âges ou deux époques d'un même sujet, comme cela a lieu également pour les animaux monogénèses, envisagés dans leur œuf et dans l'être qui en sort, à quelque moment qu'on les prenne. Le deuto-scolex est une seconde génération de la même forme spécifique, mais où l'œuf fait toujours défaut.

Le caractère réel des scolex est d'être agames, c'est-à-dire dépourvus d'organes générateurs..

Quant au strobile et aux proglottis qui en résultent, on ne saurait les considérer le premier que comme l'association des seconds, dont la séparation sera un fait purement contingent; très-précoce chez les distomaires, elle est tardive au contraire chez les cestoïdes, et peut même ne pas s'accomplir du tout dans d'autres genres, comme nous le verrons en parlant des ascidies composées [1]. L'état strobilaire est non-seulement l'état social des espèces digénèses, il en est aussi l'état générateur.

Voici donc des animaux qui, contrairement aux définitions de l'espèce que nous avons empruntées à Linné et à d'autres auteurs, se présentent sous deux formes distinctes, appartenant pour ainsi dire à deux systèmes morphologiques différents. C'est ce qui nous a fait comparer le phénomène auquel ces particularités re-

[1] On peut regarder la caryophyllie comme un ver cestoïde dont les proglottis ne se détachent point.

marquables se rattachent, au *dimorphisme* des cristallographes.

Exposons maintenant les principaux exemples connus de génération alternante; nous chercherons ensuite à faire au règne végétal l'application des données auxquelles leur étude nous aura conduit. Nous parlerons successivement des animaux tuniciers ou molluscoïdes, des annélides, des vers intestinaux, des échinodermes, des acalèphes ou polypo-méduses, des polypes ordinaires et des infusoires.

La rédintégration, c'est-à-dire la possibilité qu'ont certains animaux supérieurs, mais à un moindre degré que les animaux des classes inférieures, de reproduire quelques-unes des parties qu'ils ont perdues, est le seul phénomène propre à ces animaux que l'on puisse comparer avec la métagénésie. Encore, cette analogie est-elle fort éloignée et sans importance aucune pour la question que nous avons à traiter.

Tuniciers.

Aucun mollusque des différents ordres des céphalopodes, des céphalidiens et des acéphales conchifères, n'a encore été reconnu pour digénèse. Ce n'est que dans les molluscoïdes, répondant aux tuniciers de Lamarck, auxquels s'ajoutent les bryozoaires, que l'on peut citer des exemples de ce double mode de reproduction opéré par des individus différents, dont les uns sont agames, et les autres pourvus de sexes évidents.

Des biphores. — Ainsi que nous l'avons rappelé précédemment, la première indication, relative à la génération alternante, est due à Chamisso, et elle lui a été suggérée par l'examen attentif qu'il a pu faire des biphores pendant son voyage avec le capitaine Kotzebue.

Les biphores (genre *Salpa* de Forskal) sont des tuniciers, c'est-à-dire des animaux du même type que les ascidies, mais qui ne se fixent pas comme elles et offrent des particularités fort remarquables de structure. Ils sont pélagiens. « Leurs espèces, disait Chamisso, se présentent sous une double forme, une race entièrement dissemblable à sa mère pendant tout le cours de sa vie, produisant cependant des petits tout semblables à celle-ci ; en sorte que tel biphore qui diffère également de sa mère et de ses fils, est semblable à son aïeul, à ses neveux et à ses frères. Sous les divers états, le biphore est également vivipare ; mais sous l'un, le produit de la génération est un animal solitaire, multipare, et sous l'autre, c'est une stirps composée d'individus réunis d'une manière déterminée et unipares. »

MM. Krohn, Huxley, Leuckart et Vogt ont été plus loin que Chamisso, et on leur doit la démonstration de ce fait important, que chez les biphores, qu'ils ont étudiés sur les côtes d'Europe, il y a alternance non-seulement dans la forme pour les deux générations dont nous venons de parler, mais aussi dans la manière de se reproduire. Les biphores agrégés sont hermaphrodites, et ils pondent des œufs fécondés d'où sortent les biphores isolés qui sont neutres et engendrent par gemmation interne les biphores pourvus de sexes, ou biphores agrégés dont nous venons de parler.

Ascidies composées. — A côté des biphores on pourrait citer les ascidies composées, dont l'œuf, d'après les recherches de M. Milne Edwards et de M. Sars, donne naissance à une sorte de larve, ou plutôt à un scolex véritable qui nage pendant quelque temps en liberté, à la manière d'un têtard de grenouille ou d'un cercaire, se fixe ensuite pour produire par bourgeonnement de nouveaux individus formant colonies (état de stirps pour Chamisso ou de strobile pour Van Beneden) et capables de donner à leur tour des œufs.

Les ascidies sont des animaux marins. Il y a déjà long-temps, j'ai signalé chez les *Bryozoires*, autres molluscoïdes qui les représentent dans nos eaux douces, un mode de propagation assez peu différent. De l'œuf corné de plumatelles et des alcyonelles ou de celui des cristatelles, qui est à la fois corné et entouré d'un cercle de crochets en forme d'ancres, sort un polype unique qui se multiplie bientôt par voie agame et devient ainsi l'origine d'une colonie dont les individus composants produiront à leur tour des œufs analogues à celui qui a donné naissance à l'individu nourrice.

Annélides.

On trouve déjà dans Roesel et dans O.-F. Muller quelques faits qui rentrent évidemment dans les conditions de la génération alternante, mais que pendant long-temps on a attribués à une simple scissiparité. Il s'agit des naïs et en particulier du *Naïs proboscidea*, jolie petite espèce de nos eaux douces pourvue d'une trompe dont on fait maintenant un genre à part [1]. Ces naïs engendrent à la partie postérieure de leurs corps de nouveaux individus. O.-F. Muller, ainsi que nous l'avons déjà dit, a observé un fait analogue chez les néréides (*Nereis prolifera*).

Bonnet n'a pas peu contribué à retarder la véritable explication de ce genre de multiplication, en l'attribuant à une simple division dans laquelle une section artificielle de l'animal serait suivie de la production de deux animaux identiquement pareils au premier, chacun des tronçons étant, suivant Bonnet, susceptible de se compléter, l'un par la production d'une partie anale, l'autre par la production d'une partie céphalique. Et, en effet, Bonnet dit avoir fait l'expérience sur un lombric dont la section aurait été suivie pour chaque fragment d'une rédintégration complète. C'est évidemment, une expérience qu'il faudrait refaire, mais en prenant de véritables lombrics, animaux monogénèses, et non

[1] *Stylina*, Ehr.; *Stylonais*, P. Gerv.

des naïdés qui sont au contraire digénèses. On comprend, en effet, que chez ces derniers la séparation par le milieu du corps et la formation de deux individus complets à la place d'un seul ne prouve absolument rien, puisqu'il peut y avoir ici plusieurs de ces animaux les uns au bout des autres, comme le prouvent les figures de Roesel reprises dans l'Encyclopédie méthodique, et comme j'ai eu moi-même fort souvent l'occasion de le vérifier. On détruit le naïs intermédiaire d'une chaîne; l'antérieur (nourrice ou scolex) se trouve ainsi séparé du naïs postérieur qui n'est comme celui que l'on a coupé qu'un individu proglottique, c'est-à-dire né de la nourrice par gemmation. Le premier est agame; ceux qu'il engendre sont seuls pourvus de sexes.

De nouveaux cas de génération alternante ont été vus par les auteurs contemporains sur les annélides sétigères, mais sur un petit nombre de ces animaux seulement, et de même que les naïs qui ont aussi le même mode de reproduction sont inférieurs aux lombrics, à la série desquels ils appartiennent, de même aussi les myrianes, les syllis, etc., qu'on a signalés comme digénèses parmi les annélides néréidés, etc., occupent dans leur propre groupe un rang subalterne. Nous renvoyons pour ce qui les concerne, aux intéressants mémoires publiés par MM. Milne Edwards et De Quatrefages, dans les *Annales des sciences naturelles* [1].

[1] Il est encore difficile de décider si c'est à une simple parthénogénésie ou au contraire à une véritable génération

Entozoaires.

Les hirudinées n'offrent aucun indice d'alternance dans le mode de leur génération. Ces animaux, qui paraissent devoir être placés en tête de la classe qui comprend aussi les trématodes et les cestoïdes, sont tellement supérieurs à ces parasites par l'ensemble de leur organisation, quoique au fond ils relèvent du même plan général, que Lamarck et Cuvier les réunissaient aux vers chétopodes sous la dénomination

alternante qu'il faut rapporter les faits observés récemment chez ces animaux qu'on a long-temps confondus avec les infusoires, malgré la supériorité évidente de leur organisation. Le mâle de ces animaux ne prend pas de nourriture et il reste rudimentaire; les femelles n'ont pas besoin d'être fécondées à chaque génération: mais on ne sait pas si les œufs pondus par celles qui ne sont pas fécondées, sont des œufs véritables ou de simples bourgeons internes. Ils sont mous, tandis que les autres sont résistants et susceptibles de se conserver. C'est, comme on le voit, une disposition plus conforme à ce que l'on connaît chez les abeilles que réellement comparable aux faits de métagénésie véritable.

Quoique nous parlions des rotateurs à propos du chapitre consacré aux vers sétigères, nous n'entendons pas par là les classer avec ces animaux, comme le font aujourd'hui beaucoup d'auteurs. Il est plus probable que leur place est après les crustacés, à la fin de la série des animaux articulés condylopodes, dont aucune espèce jusqu'à ce jour n'a fourni d'exemple réellement évident de génération métagénésique.

commune d'annélides, tandis qu'ils reportaient les distomaires et les cestoïdes parmi les radiaires ou zoophytes. L'alternance génitale est, au contraire, fréquente dans les trématodes, et elle constitue un fait à peu près constant chez les cestoïdes. L'importance médicale des animaux de ces deux ordres nous engage à insister sur les particularités de leur double mode de reproduction plus longuement que nous ne l'avons fait pour les groupes qui précèdent, ou que nous ne le ferons pour ceux qui vont suivre. On y a trouvé des données précieuses qui ont permis d'expliquer les lois de leur propagation, et fourni des règles pour le traitement des maladies vermineuses ainsi que pour leur prophylaxie.

1° *Des turbellariés.*

Certains vers de la grande division des trématodes de Cuvier nous montrent des exemples très-curieux d'alternance dans leur mode de génération, et très-importants à connaître lorsqu'on veut établir la théorie exacte du parasitisme de ces animaux. Tous cependant sont bien loin d'être soumis à cette règle, et nous verrons qu'elle n'est pas applicable aux nématoïdes.

Certains vers à corps mou dont on a fait la classe des turbellariés sont évidemment digénèses, et dans le nombre nous citerons de préférence le genre *Catenula* de Dugès, que l'on trouve dans nos environs, et chez lequel nous avons constaté cette singulière particularité.

2° *Des distomaires.*

Quant aux autres trématodes, il faut distinguer parmi eux les polycotylaires ou ectoparasites qui habitent le plus souvent la peau ou les branchies des poissons, et les distomaires ou entoparasites qui vivent dans l'intérieur du corps d'un grand nombre d'animaux, soit vertébrés, soit invertébrés. Au lieu que ceux-ci aient comme les précédents leurs œufs pourvus d'un vitellus considérable, ils n'ont qu'un vitellus très-restreint; mais par une sorte de compensation ils sont digénèses, tandis que les premiers sont constamment monogénèses.

Leurs œufs, qui sont d'ailleurs protégés par une coque dure, sont en même temps très multiples, ce qui est en rapport avec les chances nombreuses de destruction qu'ils ont à courir avant de devenir reproducteurs. Il en sort une larve ciliée fort analogue aux infusoires nommés opalines, et que l'on a quelquefois prise pour des microzoaires de ce genre. Cette larve ciliée devient bientôt une véritable nourrice, c'est-à-dire, pour nous servir de l'expression consacrée par M. Van Beneden, un scolex, être agame, qui vit en parasite sur certains animaux inférieurs, spécialement sur des mollusques, soit terrestres, soit aquatiques, que ces derniers soient fluviatiles ou qu'ils soient marins. Les rédies de M. de Filippi sont des scolex analogues à ceux-là, mais chez lesquels on remarque un rudiment d'appareil digestif qui manque aux sporocystes ordinaires. Que cet organe existe ou non, on ne tarde pas à voir apparaître dans l'intérieur même des scolex issus des œufs des trématodes endoparasites, des animalcules assez semblables à de petits têtards, c'est-à-dire ovalaires dans leur partie antérieure, et pourvus en arrière d'une queue qui leur servira de rame natatoire lorsqu'ils seront devenus tout-à-fait libres. Ces animalcules ne sont autres que les cercaires[1] des anciens micrographes, que jusque dans ces dernières années on a décrits comme étant un genre de véritables infusoires. Les poches à cercaires ou les individus nourrices de la famille des distomes, sont le plus souvent appelés *sporocystes*, et cette dénomination est synonyme par conséquent de celle de rédies que nous avons citée tout-à-l'heure, ainsi que de quelques autres moins usitées. Les vers jaunes, signalés par Bojanus dans les anodontes; les sacs, les hydatides, les souches germinatives que M. de Baer indique aussi dans certains mollusques fluviatiles; les tubes ou vésicules à cercaires de M. Siebold; la leucochloridie de M. Carus, etc., sont aussi des corps de cette nature.

Quant aux cercaires nés dans leur intérieur, ils

[1] Genre *Cercaria*, O.-F. Muller.

s'y forment au moyen de gemmes plus ou moins arrondis, et lorsqu'ils ont acquis un développement suffisant, ils rompent leur enveloppe pour devenir libres et ramper pendant quelque temps sur les mollusques terrestres ou aquatiques dont les sporocystes étaient parasites, ou bien nager dans les lieux que fréquentent ces animaux. Toutefois, ce ne sont point encore des distomes, et c'est simplement comme des larves de ces parasites qu'on doit les considérer. Pour devenir des distomes, ils doivent perdre leur queue, c'est-à-dire leur rame natatoire, et il faut qu'ils acquièrent des organes génitaux : c'est ce qu'ils font pendant leur enkystement. En effet, ces petits êtres ne jouissent pas long-temps de leur liberté ; ils s'enkystent dans des mollusques, des vers, des larves aquatiques d'insectes, etc., et cet enkystement dure jusqu'à ce que l'hôte qu'ils habitent venant à être dévoré par quelque autre animal, ses chairs sont digérées, sans qu'il en soit de même pour celles du cercaire. Alors la métamorphose de ce dernier s'achève, et il va trouver son gîte dans quelque partie des organes digestifs du sujet dont il est devenu parasite. C'est là que s'opèrera la ponte et les œufs seront rejetés au-dehors pour donner naissance à de nouveaux sporocystes, appelés à donner à leur tour naissance à de nouveaux cercaires qui s'enkysteront, comme les autres, avant de devenir des distomes adultes.

Le cycle de cette singulière évolution a été récemment observé dans plusieurs espèces. Malheureusement on ne connaît encore ni l'état de sporocystes ni celui de cercaires, pour les espèces, au nombre de cinq, dont on a constaté la présence chez l'homme, et ce n'est que par induction qu'on leur a supposé des phases analogues à celles qui caractérisent les distomaires dont nous venons de parler. La solution de cet intéressant problème mériterait de fixer l'attention des physiologistes. M. Davaine a su retrouver, dans les selles de différents sujets humains affectés de la douve ordinaire (*Distoma hepaticum*), des œufs de ce parasite ; mais il n'a point été au-delà, et il importerait maintenant de tenter avec ces œufs quelque expérience concluante.

Un des distomaires propres à l'homme (le *Distoma hematobium*), qu'on ne connaît qu'en Égypte et qui se tient dans le canal de la veine-porte, a même présenté une particularité curieuse qui doit faire supposer quelque différence correspondante dans son mode de développement. Il est, en effet, dioïque, tandis que tous les autres animaux de la même famille sont monoïques.

L'histoire des cercaires, que l'on regardait comme les parasites obligés des sporocystes, et que l'on supposait mourir enkystés, était restée, comme on le voit, fort obscure, et l'on ne savait rien du premier âge des trématodes, lorsqu'en 1842 M. Steenstrup annonça, dans son *Mémoire sur les générations alternantes,* que les cercaires ne sont que des germes de trématodes qui se meuvent d'abord librement, puis vont se fixer en parasites dans le corps d'un premier animal. Il ignorait encore que celui-ci leur sert lui-même de véhicule pour les faire passer dans une autre espèce, où se termine le cycle des transformations propres à chacune de leurs espèces. Après avoir dit, en parlant du *Cercaria echinata,* qu'il est la larve du *Distoma militare,* parasite des oiseaux aquatiques, etc., M. Steenstrup ajoutait : « Comment cette semence devient-elle un nouveau distome, et comment celui-ci se transforme-t-il en cercaire ? C'est encore une énigme. » Toutefois, il ajoutait encore : « Que cette transformation ait lieu à travers plusieurs générations, cela est hors de doute. »

Les expériences tentées par différents auteurs ont montré toutes les phases de ces transformations, et diverses espèces de cercaires sont dès à présent rapportées aux distomes ou monostomes dont elles ne sont que les larves. Le *Cercaria ephemera* devient le *Monostoma flavum ;* le *Cercaria echinata* fournit le *Distoma militare;* le *Cercaria brunnea* se transforme en *Distoma echinata* des canards, etc.

On trouve des détails curieux sur ces transformations dans le *Traité de la reproduction des trématodes endoparasites* de M. Moulinié; dans le *Mémoire sur les vers intestinaux,* de M. Van Beneden, qui a été couronné par l'Académie des sciences, et dans quelques publications de MM. de Siebold, Gastaldi, Kolliker, Ph.

de Filippi, de La Vallette de St-Georges, Leidy, Pagenstecher, etc.

Les cercaires marins, qui fournissent les distomes des poissons et de plusieurs autres animaux, sont encore peu connus : on doit quelques indications, à leur égard, à Dujardin, J. Muller, etc.

3° *Cestoïdes.*

Des tétrarhynques et de quelques autres cestoïdes des poissons. — Les tétrarhynques sont des vers cestoïdes des poissons, dont les formes, au lieu de rester identiques avec elles-mêmes, comme cela se voit pour les caryophyllées, sont, au contraire, très-différentes suivant les conditions au milieu desquelles on les étudie. Aussi les zoologistes s'y sont-ils souvent mépris, et s'ils les connaissent mieux aujourd'hui, grâce à la note publiée à leur égard par M. Van Beneden il y a déjà plusieurs années [1], ils restent encore indécis entre les deux opinions du monozoïsme et du polyzoïsme qu'on a soutenues et qu'on soutient encore à propos de ces vers et des autres entozoaires appartenant au même ordre.

Voici les faits :

Chaque espèce de tétrarhynque se présente sous quatre états distincts, qui sont une évolution les uns

[1] Bulletin de l'Académie de Bruxelles, T. XIII, p. 2.

des autres. Dans le premier état, le ver est plus ou moins vésiculeux et armé en avant de quatre ventouses ayant au milieu d'elles une sorte de trompe. Alors quelques auteurs en font encore une espèce de l'ancien genre *Scolex (Scolex polymorphus* et *acephalarum*, Sars); d'autres le prennent pour un tétrastome (Forbes et Goodsir); Rudolphi et M. Valenciennes l'appellent *Dithyridium*. C'est aussi le distome rhopaloïde de Le Blond. Dans le second état, déjà observé par Le Blond, mais également mal interprété par lui, la partie ou l'individu décrit ci-dessus sous le nom de scolex s'est accru, dans son intérieur, d'une production qui semble former un ver à part et comme parasite de celui-là. Le Blond et d'autres auteurs l'ont, dans ce cas, regardé comme un entozoaire d'entozoaire. C'est le véritable tétrarhynque pour ces naturalistes, et nous avons vu que l'helminthologiste dont le nom vient d'être cité faisait de l'enveloppe qui l'entoure un amphistome, c'est-à-dire un trématode, classant d'ailleurs le tétrarhynque parmi les vers rubanés, comme le font tous les zoologistes. Ce tétrarhynque (car c'est ainsi qu'il faut l'envisager aussi bien que le prétendu trématode qui le renferme) est un deuto-scolex, et le kyste lui-même représente le proto-scolex, ayant dans cette espèce de vers une forme différente de celle que nous lui verrons chez les ténias.

Sous le troisième état, le tétrarhynque est devenu indépendant de son enveloppe et libre. On en a fait alors dans quelques cas une espèce du groupe des bothriocéphales, groupe que l'on sait être beaucoup plus fréquent chez les poissons que chez les autres vertébrés, et il sert particulièrement de type au genre *Rhynchobothrium* de Blainville. Alors il est passé, des muscles des poissons ordinaires chez lesquels il était primitivement enkysté, dans le canal intestinal des sélaciens (raies ou squales), et il porte en arrière de sa partie déro-céphalique, dont on faisait autrefois le genre *Scolex,* des cucurbitains, c'est-à-dire des articles analogues aux proglottis des autres cestoïdes. Ces articles possèdent chacun des organes mâles et femelles, produisent des œufs qui y reçoivent l'imprégnation spermatique, et qui ne tardent pas à se détacher pour être rejetés au-dehors avec les excréments et devenir ainsi le principal moyen de propagation de l'espèce.

En effet, ils vont être bientôt avalés par quelque poisson téléostéen, dans l'intestin ou dans les parenchymes duquel leurs œufs écloront, ce qui recommencera autant de cycles métagénétiques analogues à celui qui vient d'être décrit.

Ajoutons, pour ne laisser aucun doute dans l'esprit du lecteur, que la quatrième et dernière phase de ces évolutions de l'espèce du tétrarhynque est précisément celle dans laquelle ce ver strobilisé durant la troisième phase, se désagrège, et où les cucurbitains sexiés chargés de propager son espèce ramènent ainsi à l'état de deuto-scolex, par le fait seul de leur dispension, la partie déro-céphalique qui pourra périr ou donner naissance par génération agame à de nouveaux articles hermaphrodites.

D'autres vers cestoïdes des poissons sont également digénèses ou capables de reproduction alternante : tels sont en particulier les phyllobothries, les phyllacanthes, et divers autres dont M. Van Beneden a aussi élucidé l'histoire dans ses recherches sur les entozoaires de cet ordre [1] ; et ils présentent tous cette particularité curieuse de commencer leur développement dans les poissons ordinaires, pour le terminer dans l'intestin des squales et des raies, qui se nourrissent de ces poissons.

Les ligules et les schistocéphales qui vivent dans les poissons de nos rivières, commencent bien aussi leur développement dans ces animaux, mais pour le compléter dans les oiseaux aquatiques dont les cyprinidés, les épinoches, etc., sont la pâture [2]. Le dimorphisme des schistocéphales est un des premiers que l'on ait signalés. Il y a plus d'un demi-siècle qu'Abildgaard, savant zoologiste danois qui a continué O.-F. Muller,

[1] *Les vers cestoïdes ou acotyles.* In-4o ; Bruxelles, 1850.

[2] M. Brullé a cependant constaté que les ligules engendrent même dans le corps des poissons, et ses observations, qui pourraient d'ailleurs recevoir une autre interprétation, semblent contredire la théorie que nous exposons ici, ou du moins lui retirer en partie son caractère exclusif.

avait remarqué que ces parasites commencent leur développement dans les épinoches, et qu'ils le continuent dans les canards qui se nourrissent de ces poissons.

C'est à Rudolphi que revient l'honneur d'avoir indiqué qu'il en est de même pour les ligules. De Blainville le cite à cet égard dans son grand article *Vers* du Dictionnaire des sciences naturelles [1], mais en émettant des doutes au sujet de la réalité de son interprétation. « Nous devons, dit-il, rappeler ici la singulière opinion de M. Rudolphi, qui pense que les ligules commencent leur vie dans les poissons et la terminent dans les oiseaux qui se nourrissent de ceux-ci, s'appuyant sur l'observation que, péritonéaux dans les premiers, ils sont constamment intestinaux dans les seconds; qu'il n'a jamais trouvé de ligules des poissons avec des indices de développement des ovaires, au contraire de ce qu'il a vu dans celles des oiseaux, et que là où ne se trouve pas le gastérostée épinoche, en Autriche par exemple, les oiseaux aquatiques n'offrent jamais de ligules. Malgré ces raisons, qui sont sans doute

[1] T. LVII, p. 612. 1828.

Les détails fournis par Abildgaard ont été vérifiés par M. Steenstrup (1857). Après avoir ainsi vécu pendant un certain temps dans la cavité péritonéale des épinoches, le schistocéphale leur perfore souvent la peau du ventre pour passer à l'extérieur, et on peut le trouver libre dans l'eau. Sous cet état, il répond probablement au *Tænia aquatica* de Linné, dont la synonymie était restée jusqu'à ce jour incertaine.

spécieuses, M. Bremser, l'helminthologiste praticien par excellence, n'en était pas convaincu. Mais si cela était ainsi que M. Rudolphi le veut, ne pourrait-on pas lui demander comment les ligules commencent dans les poissons, et à quoi sert qu'elles aient des œufs dans les oiseaux ? »

Quoiqu'il reste encore beaucoup à faire pour répondre complètement aux questions que soulèvent les mystères de la génération alternante et des migrations des parasites qui en sont doués, on a réuni dès à présent assez de faits certains pour lever les doutes de Bremser et de Blainville au sujet de l'intéressante remarque de Rudolphi, et le fait des ligules a, comme tant d'autres, sa place dans la nouvelle théorie.

Je passe aux ténias, pour m'occuper principalement de celles de leurs espèces qui sont parasites de l'homme et des animaux supérieurs. La théorie des générations alternantes en a remarquablement élucidé l'histoire, et, en enlevant à l'hétérogénie l'un de ses principaux arguments, elle a jeté le plus grand jour sur le mode suivant lequel se fait l'infection vermineuse dont ces animaux sont avec les ascarides et quelques autres les principaux agents.

Des ténias de l'homme et de quelques animaux mammifères. — Indépendamment des vers rubanés dont il vient d'être question et qui vivent pour la plupart dans les poissons ou dans les autres animaux aquatiques, l'ordre des cestoïdes comprend les nombreuses espèces de ténias, dont huit, au dire de quelques helminthologistes récents, auraient déjà été constatées dans l'homme, savoir : le *Tænia mediocanellata*, qui est de la division des ténias sans crochets; le *Tænia solium*, si connu sous le nom de *ver solitaire;* le *Tænia nana*, beaucoup plus rare et surtout plus petit; le *Tænia echinococcus*, également de faible dimension; le *Tænia serrata*, ordinairement propre au chien, et les *Tænia flavo-punctata*, *capensis* et *tropica*. Ces trois derniers sont incomplètement connus et étrangers à nos contrées [1].

Les anciens connaissaient déjà le ténia ordinaire; mais ils n'avaient point agité la question, aujourd'hui si controversée parmi les naturalistes, de savoir si c'est un être polyzoïque, ou si chaque ver solitaire est au contraire un seul et même individu poussant à la partie postérieure de son corps des articles plus ou moins nombreux, et qui à la maturité se détachent pour former ces cucurbitains que l'on trouve dans les selles des malades affectés de ces parasites. L'opinion des anciens, comme celle de la grande majorité des modernes, paraît cependant être celle qui admet le monozoïsme.

D'après cette manière de voir, le ténia ou ver solitaire

[1] Le *Tænia flavo-punctata* a été signalé au Massachusset; le *capensis*, dans l'Afrique australe, et le *tropica*, dans l'Inde et en Guinée. On n'en possède pas encore des diagnoses permettant d'assurer qu'ils doivent être réellement admis comme espèces distinctes.

serait une sorte d'animal articulé, plus simple que ne le sont les articulés véritables, et dont les derniers articles se détachent sans qu'il en résulte pour l'animal aucune conséquence fâcheuse; et l'opinion des savants se trouve ici d'accord avec celle du vulgaire, qui admet que la tête du ténia, c'est-à-dire sa partie antérieure, peut repousser des anneaux à mesure qu'elle en perd, et que, dans le traitement de ce ver, il est de la plus haute importance de débarrasser le malade de la totalité de l'animal. On regarde comme ne donnant aucune garantie pour la guérison, l'expulsion d'un ver solitaire dont la tête, c'est-à-dire le scolex, n'a pas été expulsée, et toutes les observations récentes de la science justifient parfaitement ce préjugé.

Dès le XVIIIe siècle, différents naturalistes essayèrent de faire voir que les ténias ne sont pas des animaux simples, mais des associations d'animaux. Nicolas Audry le soutient en 1701; Vallisnieri en 1710, et Ruysch en 1721. Ce n'est guère que de nos jours qu'on a envisagé de nouveau la question sous le même point de vue. Il était réservé aux propagateurs de la théorie des générations alternantes de donner de cette interprétation une démonstration définitive et réellement scientifique. Elle a fait plus, elle nous a appris que les hydatides, ces êtres sans sexe, dont la génération équivoque était si souvent citée par les hétérogénistes à l'appui de leurs hypothèses, n'étaient qu'une forme particulière des téniadés, bien qu'on les eût rangés dans d'autres genres qu'eux et qu'on en eût même fait un ordre à part dans la classe des vers ; ce qui fut accepté par Lamarck, Cuvier, Rudolphi et De Blainville, c'est-à-dire par les naturalistes les plus compétents en helminthologie comme en zoologie générale.

De nombreux observateurs se sont occupés des ténias et des hydatides postérieurement aux savants célèbres que je viens de citer, et ils en ont fait connaître la structure aussi bien que les transformations et le mode de propagation, de telle manière que la lumière s'est bientôt faite au milieu du chaos dans lequel l'ancienne helminthologie avait laissé la science à l'égard de ces parasites.

La partie déro-céphalique du ténia, celle en un mot que le vulgaire appelle *la tête*, et qui répond au scolex des animaux dimorphes, doit être spécialement considérée comme un scolex de seconde forme, c'est-à-dire comme un deuto-scolex. Le proto-scolex des ténias est un petit ver à six crochets (larve hexacanthe) qui naît de l'œuf de ces animaux, et dont on peut se procurer facilement des exemplaires pour les observations microscopiques, en faisant éclore des œufs extraits des cucurbitains mûrs et détachés de la partie postérieure des ténias dits adultes. Après l'éclosion, ce petit ver hexacanthe s'enkyste le plus souvent dans le parenchyme de quelque organe de l'animal infesté, ses crochets lui ayant permis de pénétrer les tissus et de chercher un abri dans des parties très-diverses de l'organisme, le cerveau, le foie, les reins, aussi bien que les muscles ou les os.

Là, il s'enkyste en passant à l'état de deuto-scolex, c'est-à-dire d'hydatide; il reste enfermé, soit dans ces muscles, soit dans ces os, soit dans les membranes du cerveau, soit enfin dans le péritoine ou dans tout autre organe, sans acquérir d'organes de reproduction. Ses six aiguillons ont été remplacés par la couronne de crochets qui distingue les cysticerques, les cénures, les échinocoques, et qui ressemble tant à celle des ténias correspondants qu'elle a mis les naturalistes sur la voie pour établir la véritable synonymie de ces animaux, et rapporter à chaque espèce les formes hydatique et téniaire qui lui appartiennent. Au-dessous d'elle sont les quatre ventouses caractéristiques des ténias; puis le col qui, chez ces animaux, précèdera les anneaux hermaphrodites. A la place de ceux-ci, on voit alors la vésicule hydatique, dans laquelle les parties antérieures que nous venons de mentionner se rétractent et s'invaginent d'une manière plus ou moins complète suivant les genres.

Si l'hydatide continue à rester enkysté, aucun changement important ne se remarquera dans sa conformation. Il arrivera seulement, dans celui des genres cénure et échinocoque, que le nombre des têtes visibles sur chaque vésicule augmentera, ce qui nous donne l'exemple d'une forme polyzoïque dans les cestoïdes à l'état du scolex, puisque chaque tête représente ici un individu, de même que chaque capitule tentaculaire d'un polype agrégé est un des individus constitutifs de la société, dont l'ensemble forme chaque polypier. Ce n'est que par anomalie que les cysticerques deviennent polycéphales.

Chaque hydatide ou chaque association d'hydatides, engendré ainsi spontanément à la surface d'une poche vésiculaire, peut continuer à vivre sous cet état, et la mort naturelle viendra seule en interrompre l'existence, si l'hydatide n'a pas eu l'occasion de changer de séjour.

J'ai fait voir, dans un mémoire consacré à cette forme d'animaux parasites [1], que l'on reconnaît à la présence des crochets provenant de leur couronne céphalique les petites tumeurs que les hydatides produisent dans les parenchymes des animaux chez lesquels ils ont succombé.

Mais que l'animal infesté par des hydatides soit mangé par un autre, ou que par une cause quelconque l'hydatide lui-même, soit cysticerque, cénure ou échinocoque, soit porté dans le canal intestinal d'un omnivore ou d'un carnivore, aussitôt sa vésicule disparaît, et chaque scolex, libre de toute adhérence, commence bientôt à engendrer par sa partie postérieure des anneaux dont le nombre augmente rapidement.

Nous devons considérer ces anneaux, quoiqu'ils

[1] *Mém. acad. de Montpellier*, T. I, p. 100 ; 1847.

soient d'abord adhérents les uns aux autres, comme des individus nouveaux plutôt que comme de simples zoonites comparables à ceux que l'âge amène à la partie postérieure du corps de certains articulés, des myriapodes, par exemple, ou des annélides sétigères. Chacun de ces anneaux, il est vrai, n'est essentiellement composé que d'un double appareil générateur, l'un pour le sexe mâle, l'autre pour le sexe femelle; il manque, dira-t-on, d'appareil digestif et d'organes propres de respiration. Cela est vrai, mais la partie céphalique du ténia, c'est-à-dire son proto-scolex, en est aussi dépourvu; et l'on doit attribuer à l'infériorité sériale, tout autant qu'au genre de vie exclusivement endoparasite de ces anneaux strobilaires du ver solitaire, la dégradation sous laquelle les nouveaux individus produits par agamie se présentent dans toutes leurs espèces. Si on les compare aux douves dont ils sont les analogues dans l'ordre des rubanés, ou aux individus également nés par agamie que nous avons signalés en parlant de la génération alternante des annélides chétopodes (*Syllis myriana, Naïs proboscidea,* etc.), on sera également porté à les considérer comme des individus distincts, et l'on reconnaîtra que, dans ce cas comme dans beaucoup d'autres, l'espèce se compose de plusieurs sortes d'individus ayant chacun une fonction propre.

D'ailleurs, on peut rappeler qu'à leur sortie des sporocystes, les cercaires, qui ne sont que le premier âge des distomes et des autres trématodes endoparasites, n'ont pas encore leur tube digestif entièrement développé.

La séparation des cucurbitains, lors de la maturation des œufs qui ont été engendrés dans chacun d'eux par voie de génération directe, établit donc entre ces vers et les trématodes dont l'individualisation est plus précoce, une nouvelle et concluante analogie.

Des expériences faites avec soin sont venues démontrer, d'une manière complète, ces transformations des vers cestoïdes que la théorie et l'observation seules pouvaient suffire à faire considérer comme irrécusables.

Les hydatides du genre cysticerque (*Cysticercus cellulosæ*), qui occasionnent par leur présence en grand nombre dans les parenchymes du cochon la maladie de cette espèce que l'on désigne par le nom vulgaire de *ladrerie*, ont été donnés à l'homme mêlés avec ses aliments, et sont devenus des ténias en passant des muscles ou de la graisse du porc dans le canal intestinal de notre espèce (expériences de MM. Kuchenmeister, R. Leuckart, A. Humbert, etc.).

Le *Cysticercus pisiformis* de la cavité péritonéale du lapin a fourni des *Tænia serrata* lorsqu'on l'a fait prendre à des chiens ou à des loups, aussi avec leurs aliments (expériences de MM. de Siebold, Van Beneden, etc.)

Le *Cysticercus longicollis* du campagnol est devenu le *Tænia crassiceps* dans les intestins du renard.

Le *Cysticercus fasciolaris* de la souris, dont Pallas et plus récemment M. de Siebold avaient signalé l'extrême ressemblance avec le *Tænia crassicollis* du chat, s'est transformé complètement en ce dernier lorsque M. Leuckart et d'autres expérimentateurs l'ont fait passer des tissus du premier de ces mammifères dans le tube digestif du second.

En outre, le *Cœnurus cerebralis* du mouton (hydatide du tournis) a donné un ténia qui avait jusqu'ici échappé aux recherches des helminthologistes, lorsque, mêlé à la nourriture de chiens et de loups mis en expérience dans le but de résoudre ces questions, il a pu prendre son développement complet dans l'intestin de ces carnivores.

Il n'est pas jusqu'aux echinocoques dont la véritable nature était, il y a peu de temps, si difficile à expliquer, qui ne se soient transformés en ténias quand on les a soumis aux mêmes essais; et le ténia, nouveau pour la science, qu'ils ont fourni, a reçu le nom de *Tænia echinococcus*.

Le problème a été attaqué en sens inverse. Après avoir produit des ténias avec des hydatides, on a voulu produire des hydatides avec des œufs de ténias.

M. Van Beneden a fait avaler à un cochon des œufs du *Tænia solium* et il l'a rendu ladre, c'est-à-dire infesté de cysticerques dans ses tissus. Les muscles en étaient particulièrement attaqués. MM. Kuchenmeister et Haubner ont obtenu des résultats analogues.

Une expérience plus décisive encore, provoquée par le savant helminthologiste de Zittau, M. Kuchenmeister, a été tentée en mars 1854. Des œufs du ténia de chien (*Tænia serrata*), provenant des cucurbitains rendus par un animal de cette espèce auquel on avait fait prendre antérieurement des cénures de mouton, ont été envoyés à M. Van Beneden à Louvain, à M. R. Leuckart à Giessen, à M. Gurtl à Berlin, et à M. Eschricht à Copenhague, et administrés par ces divers naturalistes à des agneaux. Bientôt après, et sensiblement à la même date, les agneaux mis en expérience furent pris de tournis, et l'autopsie démontra la présence dans leur cerveau de vésicules hydatiques qui ont été reconnues pour de véritable cénures.

Du bothriocéphale de l'homme. — Il est facile de reconnaître dans le bothriocéphale les différentes parties que nous avons signalées dans les autres espèces douées de génération alternante. Chaque colonie de ces entozoaires a son scolex, donnant naissance à des articulations strobilaires, qui deviennent à leur tour autant de proglottis. Les formes sont seules différentes, et l'on sait combien il est aisé de distinguer ces vers ou leurs fragments d'avec les parties correspondantes des ténias. Mais la physiologie du bothriocéphale est restée imparfaite, et sa prophylaxie manque de base, attendu qu'on ignore encore dans quelles circonstances éclosent les œufs de cette espèce, quelle est la forme de son proto-scolex et dans quelles conditions il vit [1].

[1] La classe des vers *nématoïdes*, dont tant d'espèces s'observent à l'état de parasites chez les animaux vertébrés, est du nombre de celles qui n'ont point encore fourni d'exemples certains de la génération alternante. On ne saurait, en effet, considérer comme étant dans ce cas les mermis, les dragonneaux et les trichines, parce que certains de leurs organes n'existent pas à tous les âges, et nous ne dirons pas davantage avec M. Schneider (*Zeitschr. fur Wiss. zool.* X, 176; 1859), que l'*Alloionema appendiculatum*, qu'il a trouvé dans la limace noire (*Arion ater*), est un cas de digénésie, parce que, dépourvu de bouche et d'anus, pendant qu'il vit aux dépens de ce mollusque, et n'ayant alors qu'un rudiment du canal intestinal et des organes générateurs, il acquiert les orifices naturels qui lui manquaient d'abord et parvient à la maturité sexuelle lorsqu'on le place dans une matière animale en décomposition. Si l'alloionéma se reproduit dans ces nouvelles conditions et fournit de nombreuses générations il rentre alors dans la catégorie des nématoïdes et des autres vers qui ne s'enkystent pas et parviennent de prime abord à leur forme définitive. C'est la génération sans appareil de reproduction concourant avec la génération sexipare à la propagation de certaines espèces qui constitue le fait d'une génération alternante, et non le développement plus ou moins tardif des organes reproducteurs de certains individus ou la stérilité plus ou moins prolongée de ces individus. S'il en était autrement, nous devrions regarder les grenouilles comme étant des animaux digénèses, parce qu'on peut artificiellement retarder leur développement définitif en plaçant leurs têtards dans des conditions particulières. Le fait de l'alloionéma des arions a d'ailleurs son pendant dans celui des trichines dont quelques auteurs nous ont récemment appris la transformation en

Échinodermes.

Les échinodermes peuvent aussi être considérés comme ayant une génération alternante ; la larve, très-particulière, qui sort de leurs œufs, du moins chez les oursins et chez les astéries, et sur laquelle J. Muller a publié de si intéressants détails, donne naissance par génération au véritable échinoderme qui se produit à son tour par sexiparité. On trouverait une nouvelle analogie entre ces radiaires et les ascidies composées ou les autres animaux polyzoaires, en considérant chaque oursin ou chaque étoile de mer comme une association d'individus groupés sous une forme plus ou moins parfaitement rayonnée, et dont chaque portion, répondant à un ambulacre dans l'oursin, ou chaque rameau dans l'étoile, représenterait un des individus. Ce serait alors, comme dans les ascidies composées, un strobile, disposé sous la forme caractéristique des actinozoaires qui représenterait la forme sociale, et celle-ci ne se désagrègerait pas en individus distincts comme le font les cercaires, les cucurbitains et les individus sexiés de plusieurs autres groupes dont nous avons parlé. D'après cette manière de voir, les échinodermes devraient être regardés comme des animaux composés.

trichocéphales, lorsqu'ils cessent d'être enkystés et passent dans le canal digestif de l'homme ou de quelque animal domestique.

Quant aux holothuries, qui sont aussi des radiaires de la classe des échinodermes, on nie, mais peut-être à tort, qu'elles puissent être regardées comme douées de dimorphisme. Elles ont cependant un scolex binaire, répondant à la larve des astéries, et il y a même ici un deuto-scolex, puisque la protolarve se transforme bientôt en une larve radiaire qui devient à son tour le point de départ pour la formation de l'holothurie véritable.

Quant aux entoconques dont J. Muller faisait une forme alternante des synaptes qui sont un genre d'holothuries, on ne saurait douter que ce ne soient de véritables mollusques nés d'œufs appartenant à des animaux de cet embranchement, et qui se développent dans le corps de ces échinodermes, dont ils sont parasites.

Acalèphes.

Les animaux pélagiens appartenant au grand embranchement des radiaires ou zoophytes dont Cuvier avait formé la classe de acalèphes, et qu'il partageait en acalèphes simples (les méduses) et en acalèphes hydrostatiques ou à vessies remplies d'air, sont pour la plupart des animaux à génération alternante. Les observations auxquelles ils ont donné lieu méritent d'être signalées d'une manière spéciale, quoiqu'elles ne soient pas directement applicables à la théorie du parasitisme, qui est un des points sur lesquels nous nous proposions plus particulièrement d'insister. Elles sont, en effet, des plus curieuses, et leur publication a modifié notablement les idées qu'on s'était faites des animaux qui en sont l'objet. Elles ont d'ailleurs une importance réelle en physiologie générale, puisqu'elles nous montrent chez des êtres déjà très-bas placés dans l'échelle une singulière variété de forme dans les individus qui en représentent les espèces, suivant le rôle qu'ils ont à remplir dans les colonies que leur association constitue.

1° Les *acalèphes hydrostatiques* sont surtout remarquables sous ce rapport : on les appelle assez généralement aujourd'hui *Siphonophores*. Les velelles, les physales, les physophores et les diphyes servent de types à leurs principales familles.

Ces zoophytes flottent au sein des eaux marines en colonies formées d'individus tellement différents les uns des autres, suivant les catégories auxquelles ils appartiennent, qu'on les a pris souvent pour les différents organes d'un seul et même animal. L'élégante coloration des uns, la transparence cristalline des autres, leurs aggroupements qui rappellent les dessins les plus gracieux de nos ornementations artistiques, et que M. Vogt a si bien rendus dans son mémoire sur les espèces de cet ordre qui fréquentent le golfe de Nice, ne les font pas moins remarquer que la bizarrerie de leurs caractères physiologiques. Chaque colonie descend d'un seul individu né d'un œuf proprement dit. Cet individu en est le scolex, et c'est par les générations agames et successives issues de lui qu'elle se complète. On y distingue non-seulement des formes reproductives et sexiées, c'est-à-dire des sujets munis d'organes destinés à la production des œufs, comme c'est le cas pour les individus strobilaires des autres animaux digénèses; il y a aussi des individus aptes à fixer la colonie, lorsqu'elle a besoin de résister à la force des courants; d'autres armés pour saisir la nourriture ou la pêcher, et le scolex a également dans cette vie d'ensemble une fonction qui lui est propre.

Sa forme vésiculeuse lui permet de retenir une certaine quantité d'air, ce qui en fait un véritable flotteur, et c'est lui qui suspend au milieu du liquide, à des hauteurs qui varient suivant l'intensité de la lumière ou d'autres conditions, tout cet appareil si complexe dont Lesueur, le dévoué et intelligent compagnon de Péron, avait déjà saisi la nature polyzoïque.

Les individus, de catégories si différentes, dont se compose chaque colonie de siphonophores, sont en général très-faciles à séparer les uns des autres, surtout après un certain temps d'existence, et fréquemment on les trouve isolés au milieu des eaux, et même plus ou moins mutilés quoique la vie ne soit pas encore éteinte en eux. Les naturalistes s'y sont plusieurs fois mépris, et ils ont décrit comme des espèces ou même comme des genres à part ces membres détachés de chaque colonie d'acalèphes hydrostatiques. Ces erreurs inséparables des premières observations sont aujourd'hui pour la plupart rectifiées, grâce aux auteurs que nous avons déjà cités dans ce paragraphe, et aussi aux recherches de MM. Leuckart, Kolliker, Gegenbaur, Graeff, etc. L'histoire anatomique des siphonophores n'est pas moins avancée que leur morphologie, et la démonstration de leur polyzoïsme ainsi que celle de leur digénésie est également acquise à la zoologie.

2° *Des polypo-méduses.*—Il existe dans la mer, mais à la surface des rochers ou sur d'autres corps submergés, ainsi que dans les étangs maritimes, tels, par exemple, que l'étang de Thau, de singuliers êtres arboriformes garnis de polypes, et qui en général sont beaucoup plus petits que les gorgones ou les polypiers pierreux. Ils sont, pour ainsi dire, à ces derniers ce que les herbes ou les sous-arbrisseaux sont aux arbres de nos forêts.

Leur forme apparente et l'ensemble des caractères qu'on leur reconnaît, si l'on n'en suit pas l'évolution dans toutes ses phases, semblent devoir les faire classer parmi les polypes ordinaires, et pendant long-temps on les a placés avec eux en en faisant simplement des genres à part, sous les noms de tulubulaires, de campanulaires, etc. Mais l'examen attentif dont ces petits animaux ont été l'objet de la part de MM. Loven, Van Beneden, Dujardin, etc., a fait voir qu'ils ne donnent pas naissance par génération directe à des animaux semblables à eux, et que les polypes nés dans leurs loges, polypes qui sont d'ailleurs différents par plusieurs de leurs traits distinctifs de ceux des zoanthaires et des cténocères, peuvent se détacher, voguent librement au sein des eaux où leurs colonies étaient fixées, et deviennent alors de véritables acalèphes en tout semblables à ceux dont on avait fait plusieurs genres distincts dans la catégorie des méduses. C'est ce que nous avons pu observer de notre côté, en retenant pendant quelque temps dans des vases remplis d'eau de mer, certains de ces faux polypes que nous avions recueillis sur les bords de la Méditerranée.

Parmi les méduses qu'on a ainsi obtenues, on peut citer les obélies, genre établi par Peron et Lesueur, pour une petite espèce commune dans la mer du nord où Slaber l'avait signalée en 1778 [1]. M. Van Beneden en a vu apparaître dans les aquariums où il avait placé les campanulaires dont il parle dans son mémoire, sous le nom de *Campanularia gelatinosa*.

Certains animaux hydriformes peuvent aussi donner des méduses mais dans des circonstances assez particulières et qu'il importe de signaler. M. Sars, naturaliste de Bergen, qui a étudié avec un soin tout particulier les animaux du littoral de la Norwège, avait fait connaître, en 1829, comme constituant un genre particulier de polypes qu'il appelait *Scyphistoma*, une espèce assez analogue par l'ensemble de ses particularités

[1] *Natuurkundige Verlustigigen.*

à nos hydres d'eau douce, mais qu'il est néanmoins facile d'en distinguer par quelques bons caractères. Il avait classé parmi les acalèphes de la division des méduses un autre genre établi aussi par lui, celui auquel il donnait le nom de *Strobila*.

En 1835[1], M. Sars a reconnu que le scyphistome n'était que le premier âge de ses strobiles, et que ces derniers ne sont autres que des scyphistomes dont le corps s'est segmenté. Ces zoophytes peuvent même, à un degré plus avancé de leur développement, se décomposer en autant de petites méduses qu'ils avaient de segments, et ces méduses deviennent libres, grandissent et sont en tout semblables à celles dont les naturalistes ont fait un genre sous le nom d'*Aurelia*. Ce sont, en effet, de véritables *Medusa aurita*, telles que O.-F. Muller les représente dans sa Zoologie danoise.

Le scyphistome de M. Sars n'est donc pas un véritable polype mais simplement un scolex de polypo-méduse, et le strobyle du même auteur est l'ensemble des nouveaux individus encore en voie de formation et non désagrégés en proglottis que ce strobile engendre par voie agame. C'est par allusion à cette méprise commise par M. Sars et si bien réparée par ce sagace observateur, que M. Van Beneden a voulu appeler des *strobiles*[2] les

[1] *Beskriwelser og Jagttagelser*, pag. 16, pl. 3. — J'ai publié une traduction de ces observations de M. Sars, dans les *Annales d'anatomie et de physiologie*, T. II, p. 80; 1838.

[2] *Voir* pag. 77.

réunions analogues d'individus sexiés que l'on observe chez les autres animaux digénèses.

Les méduses des genres aurélie et obélie et quelques autres encore ne sont donc pas, comme on l'a admis jusque dans ces derniers temps, des animaux complets, suffisant à eux seuls pour représenter leurs différentes espèces. Ce sont des formes particulières d'animaux qui ont aussi une forme polypoïde, et tandis que sous cette forme de polypes leur espèce engendre par voie agame, sous celle que la méduse représente, c'est comme douées de sexes et produisant des œufs qu'elles se présentent à l'observateur, et ce sont alors des strobiles décomposés en proglottis.

Leurs œufs ne sauraient se développer sans fécondation; aussi distingue-t-on chez les méduses des organes mâles et des organes femelles, et dans ces singuliers êtres les sexes sont même portés par des individus séparés, les uns chargés d'œufs à l'époque de la maturation, les autres chargés de spermatozoïdes.

Comment le scolex des polypo-méduses, c'est-à-dire l'être agame d'où provient le strobile qui va se décomposer en proglottis ou individus propagateurs, donne-t-il naissance à ce strobile? Celui-ci est-il une transformation de la substance même du scolex, comme le veut M. Sars pour les scyphistomes donnant les strobiles qui se séparent en méduses? Ou bien la strobilisation n'est-elle que le résultat d'une apparition de gemmes engendrés par le scolex; opinion qui a été soutenue aussi pour les polypo-méduses par MM. Van Beneden et Desor, et que l'étude des vers cestoïdes semblait mettre à l'abri de toute objection. M. Van Beneden a repris la question en ce qui concerne les scyphistomes, et il est arrivé tout nouvellement aux conclusions suivantes qu'il donne comme positives, quoiqu'elles contredisent à certains égards les idées reçues :

1° Les scyphistomes n'engendrent pas les gemmes reproducteurs, mais une partie de leur propre substance se transforme en gemmes c'est-à-dire en futures méduses ;

2° Le segment chargé de bras ou le sommet de cette petite colonie ne se détache pas sous la forme de scyphistome pour aller continuer à vivre ailleurs ; il devient une méduse comme les autres, et ses bras se résorbent sur place à mesure que la forme médusaire apparaît[1].

M. Agassiz regarde les millépores comme étant aussi des animaux à génération alternante, et il a décrit les méduses qui sortent de leurs polypiers.

L'hydre de nos eaux douces est une forme plus simple de ces polypo-méduses et dont le dimorphisme se réduit à des modifications beaucoup moins prononcées. Cependant on a reconnu qu'elle se propage de deux manières différentes: par œufs produits après fécondation, et par agamie ; ce qui en fait un animal digénèse.

[1] *Bul. acad. Bruxelles*, 2e série, t. VII, N° 7 (année 1860).

Polypes ordinaires.

Le dimorphisme des polypes ordinaires (zoanthaires et cténocères) est moins facile à démontrer que celui des acalèphes; mais leur polyzoïsme est des plus évidents, et presque de tout temps il a été admis par les naturalistes; il nous servira de guide dans l'interprétation que nous aurons bientôt à faire de ces associations si long-temps mal comprises qui constituent les végétaux phanérogames. Les arguments que nous en tirerons auront d'autant plus de valeur, qu'eux-mêmes, les polypiers pierreux et les polypiers flexibles, voire aussi les polypes charnus, on les a long-temps considérés comme des végétaux, en appelant leurs fleurs ces expansions en forme de capitules qui entourent leur orifice digestif et sont garnies de tentacules pétaloïdes.

Pour Cesalpin, Bauhin, Tournefort, Ray, Morison, et pour tous les botanistes depuis l'époque de la Renaissance jusqu'au milieu du XVIIIe siècle, les madrépores, le corail et les gorgones étaient des espèces de plantes, et encore aujourd'hui le vulgaire parle des arbres de corail et des arbres de mer ou gorgones. Cependant plusieurs zoologistes, à la tête desquels se placent Rondelet, Rumphius, Imperati et quelques autres encore, avaient reconnu leur animalité.

Malgré ces excellents observateurs, la question fut

à peine controversée, et elle sembla résolue en faveur de la végétabilité, soutenue principalement par des naturalistes qui n'avaient point étudié sur les bords de la mer, lorsque, dans une des premières années du XVIIIe siècle, Marsigli publia ses recherches sur la floraison du corail. En 1711 et 1712, Réaumur, qui devait plus tard faire triompher l'opinion contraire, développait dans un mémoire comment des corps pierreux peuvent végéter. Il supposait que, dans le corail, par exemple, il n'y a que l'écorce qui végète, et que c'est elle qui forme successivement la tige en déposant les grains rouges dont, suivant lui, celle-ci résulte. Mais en 1727, Réaumur communiquait à l'Académie des sciences les observations de Peyssonnel sur les animaux du corail, et montrait que ces animaux ne sont autres que les prétendues fleurs signalées précédemment par Marsigli. Réaumur, convaincu, comme nous l'avons vu, de la nature végétale du corail et des autres lithophytes, s'était d'abord refusé à faire la communication que Peyssonnel attendait de son amitié, et l'observateur marseillais avait dû adresser sa découverte ailleurs qu'à l'Académie de Paris. Réaumur, hâtons-nous de le dire, n'avait d'autre mobile, en agissant ainsi, qu'une délicatesse exagérée; il craignait, ainsi qu'il l'a déclaré ultérieurement, de compromettre son correspondant, en donnant une aussi grande publicité à ce qu'il supposait encore une erreur. La découverte de l'hydre, et l'étude si détaillée qu'en fit Trembley, levèrent bientôt tous les doutes, et Réaumur reconnut publiquement à Peyssonnel tout le mérite de sa découverte.

L'hydre est un polype d'un autre groupe que le corail; elle appartient, comme nous l'avons dit précédemment, à la classe des acalèphes; mais nous devions en reparler ici, à cause de l'importance qu'a eue sa découverte sur l'interprétation des phénomènes observés chez les animaux inférieurs et chez les végétaux. En effet, sa connaissance approfondie ne devait pas être moins utile aux progrès de la biologie générale, que celle du précieux zoophyte que nous fournit la Méditerranée, et dont le polypier a été employé de tout temps comme objet d'ornement. La facilité avec laquelle l'hydre se multiplie par simples divisions; les bourgeons à l'aide desquels elle pousse de nouveaux individus comme un arbre pousse de nouvelles branches; ses caractères mixtes à certains égards entre ceux des animaux et ceux des végétaux : tout cela établissait entre le règne animal et le règne végétal de nouveaux liens, dont la physiologie, et plus tard la morphologie, devaient tirer un grand parti. Ces rapports nouveaux ne tardèrent pas à être entrevus et démontrés, et de nos jours la théorie des générations alternantes est venue en établir la confirmation d'une manière éclatante.

Infusoires.

Aux confins des règnes végétal et animal sont les infusoires, formant, non pas un groupe unique et nettement défini, mais une association confuse d'êtres qui n'ont le plus souvent de commun les uns avec les autres que la petitesse de leurs dimensions. Malgré les nombreuses rectifications dont cette réunion, si long-temps artificielle au suprême degré, et encore si mal définie aujourd'hui, a été l'objet, on est loin d'être fixé sur les limites qu'il faut assigner aux infusoires proprement dits, et beaucoup de formes rangées parmi ces animaux, ne sont probablement que des états particuliers de certaines espèces à métamorphoses ou à individus polymorphes, dont on s'efforce chaque jour de trouver les liens de parenté. D'autres ne sont pas même des animaux ; c'est comme germes de certains végétaux inférieurs ou d'animaux assez différents les uns des autres, qu'ils doivent être considérés. Encore moins faut-il laisser parmi les infusoires véritables, ces fragments de végétaux ou d'animaux décrits sous des noms spécifiques que O.-F. Muller et les anciens micrographes leur avaient associés par méprise et qui ont long-temps occupé une place dans les cadres zoologiques.

L'application des règles du dimorphisme, établies en botanique et en zoologie, apportera de nouvelles rectifications à celles dont les travaux récents de MM. Pineau, Stein, Conh, Haime, etc., ont éclairé l'histoire des microscopiques, et ces travaux font déjà entrevoir une réduction considerable du nombre des genres et des espèces de ces êtres. O.-F. Muller, Bory, Ehrenberg et Dujardin en ont inscrit dans leurs ouvrages un grand nombre qui, mieux étudiés, devront être rayés des catalogues méthodiques. De même qu'on a accordé trop facilement à ces infiniment petits du monde organisé, des estomacs polygastriques, des ovaires, des testicules, des vésicules spermatiques, etc., de même aussi l'on s'est trop pressé de donner des noms différents aux diverses formes sous lesquelles ils se présentent à nous. C'est ce qu'ont compris les auteurs que nous avons cités plus haut, et c'est ce que l'on constate chaque jour par de nouvelles observations. Mais cette tendance à la réduction a eu elle-même ses exagérations, et c'est en particulier ce qui est arrivé lorsqu'on a voulu faire des vorticelles et des acinètes des animaux d'un seul et même genre vus sous deux états différents. On n'en observe pas moins chez les infusoires des faits évidents de génération alternante.

Dans l'impossibilité où nous sommes de rapporter ici tous ceux qu'on a déjà indiqués, nous prendrons pour exemple les *Volvox*, sorte de sphères creuses renfermant de l'eau dans leur cavité centrale, et dans leur couche gélatineuse les individus sociétaires qui sont munis d'un double flagellum. Toute la colonie nage de concert réunie sous cette enveloppe commune. Elle a deux modes de reproduction, l'un sexuel, l'autre asexuel. Le dernier est celui qu'on observe le plus fréquemment. On voit dans ce cas un ou plusieurs individus grossir notablement et tomber dans l'intérieur de la cavité remplie d'eau. Chacun se segmente en deux ou en quatre, huit, seize, etc., jusqu'à ce que le nombre des segments égale le nombre d'individus formant une colonie. Chaque individu a donc donné naissance à une de ces colonies, qui ne tardent pas à devenir libres par la rupture de l'enveloppe commune. Les choses se passent ainsi pendant une longue suite de générations; mais vient un moment où un autre mode de propagation est mis en usage. Comme il arrive dans plusieurs autres groupes, les espèces de ces animaux peuvent être monoïques ou dioïques, c'est-à-dire que tous les volvox peuvent être mâles et femelles, ou quelques-uns mâles et les autres femelles. Dans ce dernier cas, un individu se segmente en nouveaux individus dont l'apparence est bacilliforme. Ces individus sont verts et munis d'un double flagellum. Ils se réunissent sous une apparence tabulaire, à la manière des bacillariées, et s'entourent d'une enveloppe unique qui se déchire; les bâtonnets se séparent ensuite et nagent dans l'intérieur même du globule formant le volovoce social. D'autres individus qui ont grossi concurremment, représentent le sexe femelle, et il y a bientôt fusion des uns et des autres. La masse qui en résulte s'entoure elle-même d'une membrane délicate, revêtue d'une autre plus dure et dentée sur son pourtour. En dernier lieu leur chlorophylle devient pourpre. C'est l'état sexipare de ces infusoires, et il en naîtra plus tard les volvoces agames. Les phénomènes que nous venons de décrire se répèteront de nouveau et dans le même ordre dans la succession des reproductions agame et sexiée de ces êtres qui sont placés aux derniers rangs de l'échelle organique. On doit ces curieuses remarques à M. Cohn et à M. Carter.

M. Carter [1] signale aussi dans le développement et dans la fécondation des eudorines et des cryptoglènes, des faits qui trouvent leur explication dans la théorie de la digénésie, puisqu'ils montrent que dans ces deux genres l'espèce est également dimorphe.

[1] *Ann. and mag. of nat. hist.*, octobre 1858.

CHAPITRE III.

DES GÉNÉRATIONS ALTERNANTES CHEZ LES VÉGÉTAUX.

On n'a vu pendant long-temps dans chaque plante qu'un seul individu résultant de l'assemblage d'un nombre considérable de parties toutes plus ou moins semblables entre elles ; les bourgeons ne sont que les moyens de leur accroissement ordinaire ; les fleurs fournies par le développement des boutons en sont les organes de reproduction. Dans cette manière de voir, chaque plante est un individu, et ses organes sont différents suivant celles de ses parties que l'on examine. La facilité avec laquelle on multiplie les plantes par divisions, qu'on en fasse des boutures, des marcottes ou des greffes; les moyens de propagation, autres que les graines que nous remarquons chez beaucoup d'entre elles, et dont il est question dans les ouvrages de botanique sous les noms de *stolons*, *bulbilles*, etc.; tous ces faits sur lesquels on revient aujourd'hui pour montrer que les végétaux sont des associations et non de simples individus, n'ont pas mis les naturalistes en défiance contre cette théorie si souvent admise, il est vrai, mais si peu rationnelle.

A l'éclosion, chez beaucoup d'animaux inférieurs, ou, quelque temps après la germination, chez la plupart des végétaux, on ne tarde pas à voir cet individu primordial, c'est-à-dire celui que fournit l'œuf ou la graine, donner lui-même naissance, par simple bourgeonnement, à de nouvelles productions qui sont, au même titre que lui, de véritables individus. L'accroissement de l'ensemble se fait dans le végétal comme dans le polypier ou tout autre animal soumis à la multiplication par généagénésie, c'est-à-dire par voie de génération agame. Après quelques générations analogues, et par le fait même de cette alternance qui sert de base à la théorie que nous avions à développer, des individus d'une autre sorte, individus reproducteurs et non plus simplement destinés à nourrir l'association, comme le sont les bourgeons ordinaires, vont se montrer dans chaque plante. Ce seront les fleurs dont Linné cherchait à expliquer l'apparition anticipée ou l'apparition tardive par sa théorie du *prolepsis*. Pourvues à la fois des deux sexes (fleurs hermaphrodites) dans certaines espèces, elles sont ailleurs uniquement mâles ou femelles seulement (fleurs unisexiées), et présentent comme individus des différences absolument semblables à celles que nous offrent les animaux envisagés sous le même rapport. Leur durée est éphémère, et, à cet égard encore, elles ont une nouvelle analogie avec les individus proglottiques que nous avons signalés dans tant d'espèces d'animaux. Qui ne sait aussi que le jardinier peut, suivant sa volonté, faire produire à un arbre des bourgeons ou des boutons, c'est-à-dire des individus à feuilles ou des individus à fruits?

Végétaux phanérogames.

Chaque végétal n'est donc pas un sujet unique, comme on le dit si souvent, tandis que l'on regarde généralement les gorgones, les polypiers corolliaires, les ascidies composées, etc., comme des associations d'animaux, et qu'une semblable définition à même été étendue depuis long-temps aux vers cestoïdes. Cependant, l'ingénieux Dupetit-Thouars avait, sur ce point, comme sur beaucoup d'autres, combattu la manière de voir des botanistes. Il admettait la multiplicité des individus pour chaque arbre, et un physiologiste anglais, dont la science a conservé le souvenir, Darwin, considérait avec autant de raison l'arbre comme un essaim de plantes individuelles, reliées les unes aux autres, comme les polypes le sont dans un polypier, et il y voyait une agrégation susceptible, comme le sont de leur côté les polypes d'une même association, de deux modes de générations : l'une gemmipare (bourgeons, boutures, marcottes et greffes), l'autre ovipare (graines).

Gaudichaud a soutenu plus récemment des opinions analogues à celles de Dupetit-Thouars sur l'individu végétal, mais sans réussir davantage à leur faire occuper dans l'enseignement classique le rang dont il les croyait dignes. Sa thèse est, il est vrai un peu différente dans les détails, puisque son *phyton* ou son individu végétal se compose, non plus de la totalité de chaque bourgeon ou de chaque bouton épanoui, mais seulement d'une partie tigellaire et de la feuille avec laquelle cette partie est en rapport.

Les différents phytons[1] d'un arbre sont donc comparables aux polypes d'un même polypier. Deux sortes d'individus provenant par voie agame des proto-scolex représentées par l'embryon issu de chaque graine. constituent les différentes parties du même arbre. La production s'en fait par agamie, et il y a si non constamment alternance, du moins antagonisme dans leur apparition. Ceux qui seront doués d'organes de reproduction, c'est-à-dire les fleurs, engendreront seuls par voie ordinaire. On doit donc voir dans chaque graine un œuf produit par sexiparité, comme c'est aussi le cas pour les véritables œufs des animaux de toutes les classes à génération alternante dont nous avons parlé.

L'analogie, soit fonctionnelle, soit morphologique, qui existe entre la graine et l'œuf, n'a pas besoin d'être démontrée; mais ce qu'il importait de faire remarquer, c'est qu'ils nous donnent chez les zoophytes des polypiers ordinaires, dont le polyzoïsme n'est douteux pour personne, et qui sont des sortes d'arbres animaux fixés au fond des mers; chez les plantes des arbres véritables qui sont comme autant de polypiers végétaux vivant à la surface du sol.

[1] Je sors à dessein de la définition du phyton, telle que la donne Gaudichaud.

Les individualités qui les constituent, ou, pour nous servir du mot proposé par Gaudichaud, leurs phytons, sont de deux sortes : les uns purement nourriciers, fournis par le développement des bourgeons ; les autres reproducteurs, unisexiés ou bisexiés, fournis par les boutons et constituant chacun une fleur. Si l'expression employée par M. Van Beneden pour les vers cestoïdes et pour les autres animaux dimorphes pouvait s'appliquer aux individus de cette seconde sorte, c'est-à-dire aux fleurs, nous dirions que ce sont des proglottis, et nous ferions en même temps remarquer qu'un proglottis n'est pas toujours un individu nécessairement reproducteur, puisque dans certains cas ses organes de la génération peuvent ne pas se développer complètement.

La fonction d'un être de cette catégorie peut, dans quelques espèces, être diversifiée pour répondre aux besoins divers de l'association, absolument comme nous voyons dans les abeilles, les termites et d'autres insectes des individus, les uns sexiés et alors mâles ou femelles, les autres neutres [1] et alors employés aux constructions, à l'éducation des petits ou à la défense des sociétés. Les physophores nous ont montré parmi les zoophytes à métagénèse, un exemple remarquable de cette diversité des individus strobilaires, comme les insectes que nous venons de citer nous font voir qu'elle

[1] Ce sont des femelles frappées d'un arrêt dans le développement de leurs organes reproducteurs.

existe aussi dans les animaux à génération monogénèse.

La théorie de Dupetit-Thouars trouve donc dans celle de la génération alternante une nouvelle et remarquable confirmation, et les vues de Darwin se trouvent aussi vérifiées et étendues par les curieuses comparaisons dont les deux règnes ont été récemment l'objet. MM. Steenstrup, Owen et Van Beneden, ainsi que plusieurs autres observateurs, parmi lesquels nous citerons seulement MM. Dana [1] et Lankaster [2], ont récemment insisté sur les curieuses remarques auxquelles ces comparaisons peuvent conduire, et il serait aisé de les multiplier encore. La diversité des individus pour chaque association dans une même espèce est en rapport avec la diversité des fonctions que ces individus ont à remplir dans la vie de leur propre espèce, et, suivant que ces fonctions sont plus ou moins différentes, les organes primitivement homologues, qui sont chargés de les accomplir, revêtent concurremment des formes et des dispositions différentes par le fait des métamorphoses décrites dans la première partie de ce travail.

Envisagé sous ce rapport, le prolepsis de Linné [3]

[1] *Analogy between the mode of reproduction of plants and radiata.*

[2] *Assoc. brit. pour l'avancement des sciences*, année 1857. (Voir l'*Institut*, 1858, p. 139.) Le travail de M. Lankaster a pour titre : *Sur l'alternance des générations et la parthénogénésie dans les plantes.*

[3] *Voir* pag. 11.

n'est plus qu'un phénomène d'alternance, et il s'explique par la théorie de la digénésie. A. Saint-Hilaire l'a retrouvé comme la condition normale de certains végétaux des tropiques qui, vivant constamment au milieu d'une atmosphère chaude et humide, poussent incessamment, et sans que les saisons viennent en arrêter le développement, des bourgeons à feuilles, c'est-à-dire des individus agames, et ne donnent au contraire des fleurs, c'est-à-dire des individus sexiés, qu'à des intervalles de plusieurs années. La production des graines n'a plus lieu dans ce cas que d'une manière pour ainsi dire exceptionnelle.

Ce n'est pas que la formation des fleurs soit, comme le disent les botanistes, le résultat d'un simple épuisement de la plante et une dégénérescence réelle de ses phénomènes de végétation. Formées des mêmes organes que les phytons destinés à nourrir l'ensemble du végétal auquel elles appartiennent, les fleurs ont un aspect différent du leur, parce que les parties homologues ont subi chez elles une transformation qui les a fait passer à une condition plus parfaite. Goethe avait bien compris cela quand il prenait les organes floraux pour type de la métamorphose ascendante. C'est précisément cet effort et les diverses conséquences qui vont en être la suite qui épuisent la plante, mais ils ne sont pas le résultat d'un épuisement déjà accompli et l'activité génératrice des individus floraux, ainsi que les phénomènes calorifiques qui l'accompagnent ou le travail de fécondation et d'ovulation qui s'y accomplit, tout va conduire à l'épuisement par la consommation des matériaux accumulés, puisque ces individus végétaux ne se nourrissent pas par eux-mêmes. Aussi, dans la plupart des plantes, la vie suspendue pendant quelque temps après l'accomplissement de ces phénomènes, aura besoin de reprendre de nouveaux matériaux avant d'accomplir des phénomènes analogues, et elle le fera par le travail actif de ses individus nourriciers, c'est-à-dire de ses parties vertes. Fructifier est même le terme de toute activité vitale chez un grand nombre de plantes, et celles que nous appelons *annuelles* se distinguent des autres parce qu'elles accomplissent en une saison leurs phénomènes de germination, de foliation et de fleuraison, quel que soit, d'ailleurs, le nombre des individus élémentaires dont chacune d'elles est composée.

La floraison des plantes phanérogames est un phénomène de génération alternante tout aussi bien que la production des individus sexiés dans les animaux digénèses dont nous avons traité précédemment, et nous retrouvons même dans certaines espèces appartenant au règne végétal des individus générateurs qui se détachent de leurs colonies à la manière des méduses issues des campanulaires ou des scyphistomes. Ils vont au loin opérer la fécondation de leur espèce. C'est ce que l'on connaît pour la vallisniérie, plante aquatique, dont les fleurs mâles se détachent de leurs pédoncules après s'être épanouies, et flottent pour aller féconder, à des distances plus ou moins grandes, les fleurs femelles qui se retirent bientôt après au fond des eaux et y mûrissent leurs graines.

Végétaux cryptogames.

Il serait curieux de poursuivre ces comparaisons dans les végétaux cryptogames et de voir le dimorphisme organique y persister malgré la simplicité de plus en plus évidente des plantes de cette nombreuse division. Mais les travaux des botanistes ne nous donnent pas encore le moyen de l'entreprendre sûrement, et si dans quelques circonstances nous pouvons faire une application rigoureuse des principes qui nous ont guidé dans cette analyse, nous ne constatons que trop souvent les obstacles qu'apporte à cette étude la confusion qui règne encore dans la nomenclature des plantes cryptogames ainsi que dans celle de leurs parties. Les doubles emplois que leurs différences de formes pour une même espèce ont occasionnés, et l'incertitude dans laquelle, faute de comparaisons rigoureuses et d'uniformité dans le langage, on se trouve à chaque pas, lorsqu'on cherche à se faire une juste idée des différents modes sous lesquels se propagent les cryptogames ou des formes qu'ils peuvent revêtir, sont les causes de ces obstacles.

Qu'on lise toutefois avec attention les travaux dont

ces végétaux ont été dans ces derniers temps l'objet de la part de MM. Decaisne, Thuret, Léveillé, Tulasne, Pringsheim, De Barry [1], etc. ; et si l'on ne tarde pas à reconnaître combien il reste encore de belles découvertes à faire dans la voie qu'ils ont tracée, on remarquera aussi que plusieurs de leurs belles observations sont autant de preuves nouvelles à l'appui de l'alternance des générations.

C'est surtout aux champignons parasites et particulièrement à ceux qui, comme l'oïdium de la vigne et le sclérotium de l'ergot du seigle, causent le plus de mal à nos végétaux alimentaires, qu'il est dès à présent possible d'appliquer ces données.

L'ergot du seigle (*Sclerotium clavus*) a été l'objet, de la part de M. Tulasne et de celle de quelques autres observateurs, parmi lesquels on doit citer M. le docteur Léveillé, de travaux qui servent de preuve à ce que nous avançons. Il provient, en effet, des spores d'un cordyliceps, qui se propage et mûrit surtout pendant l'époque de la floraison du seigle ; c'est une forme de mycélium ou l'analogue du scolex tel que nous l'avons défini en zoologie, et il donne lui-même, au moyen de son stroma, des conidies nées par génération agame.

Le cryptogame de la vigne, si connu sous le nom

[1] Voir particulièrement son travail des mycétozoaires, publié dans le T. X des *Zeitschrift. fur wiss. Zoologie*, et reproduit dernièrement dans les Annales des sciences naturelles avec des annotations de M. Tulasne.

d'*Oïdium Tuckeri*, est un autre exemple du dimorphisme chez les végétaux inférieurs. Il consiste en un lacis de filaments qui recouvrent çà et là les parties vertes du végétal et y déterminent avec le temps la formation de taches brunes et noirâtres. De ces filaments qui sont tous extérieurs à l'épiderme et constituent le mycélium, naissent de petites tiges, simples et très-nombreuses, cloisonnées à l'intérieur, dont le dernier article se distingue des autres parce qu'il devient rapidement une grosse cellule ovale, susceptible de propager l'oïdium par le fait d'une génération agame. D'autres corps reproducteurs de cette espèce sont bruns, ordinairement pédiculés et formés de cellules renfermant une infinité de spores. M. Cesati les avait pris pour l'appareil reproducteur d'un autre genre de champignons qu'il avait nommés *Ampelomyces quisqualis*; mais M. Amici et M. Tulasne les attribuent à l'oïdium, et le second de ces botanistes établit que l'oïdium est une espèce du genre érysiphe ayant deux modes de reproduction : l'un serait le mode agame et l'autre le mode sexipare. Les érysiphes et une foule d'autres champignons montrent d'ailleurs plusieurs sortes de corps reproducteurs engendrés par sexiparité.

Aujourd'hui que les intéressantes découvertes récemment faites chez les animaux inférieurs ont appris quelles étonnantes transformations peut subir l'individualité spécifique, on doit rechercher avec soin les faits analogues que présentent les végétaux cryptogames, et M. Tulasne est particulièrement entré dans cette voie en montrant qu'il faut rapporter souvent à une même espèce des corps en apparence très-différents, et qu'on avait attribués à des genres distincts. Il en donne des exemples dans son Mémoire sur les Urédinées, et l'on en possède pour d'autres groupes.

M. Coemans a tout récemment insisté sur le dimorphisme des champignons dans une communication adressée à l'Académie des sciences de Bruxelles[1].

Il est facile de reconnaître dans le mycélium des champignons et des autres végétaux de la même famille, un scolex analogue à celui des animaux digénèses et dans le champignon véritable qu'il produit par agamie, association d'individus pourvus de sexes donnant à leur tour naissance à des spores, c'est-à-dire à de véritables œufs ou graines desquels naîtront ultérieurement de nouveaux myceliums. Des remarques analogues pourraient être faites au sujet des fougères, des mousses, des hépatiques, etc.

[1] Janvier 1860. Voir l'*Institut* 1860, p. 172.

CHAPITRE IV.

DE LA PARTHÉNOGÉNÉSIE CHEZ LES ANIMAUX ET CHEZ LES VÉGÉTAUX.

On nomme *parthénogénésie* ou génération virginale la propriété qu'ont les femelles de certaines espèces d'êtres organisés d'engendrer sans le concours du sexe mâle : c'est la parturition *sine concubitu*. M. Owen, ainsi que nous l'avons vu, avait d'abord étendu cette expression aux cas où il y a réellement métagénésie ou génération alternante.

La parthénogénésie est restée le fait d'animaux ou de plantes dont les ovaires donnent naissance à des embryons, sans que les zoospermes ou le pollen soient intervenus pour féconder les ovules dans lesquels ces embryons se développent. Elle porte le nom d'*arrénotokie* dans le cas où, contrairement à ce que nous montrent ordinairement les insectes, ce sont uniquement des mâles au lieu des femelles qui naissent par cette voie. Les abeilles nous offrent un exemple aujourd'hui bien connu d'arrénotokie.

Parthénogénésie des insectes. — Quant à la génération parthénogénésique ordinaire, elle a été observée non-seulement chez les aphididés ou pucerons, mais aussi chez les coccidés ou cochenilles qui appartiennent également à l'ordre des hémiptères. MM. Leuckart et

Leydig l'ont en effet constatée chez les kermès, coccus, lécanium et aspidiotus. MM. de Siebold, Leuckart, etc., l'ont aussi indiquée dans plusieurs genres d'hyménoptères vivant tous en société (abeilles, bourdons, guêpes, etc.), et on a aussi des preuves de son existence chez les lépidoptères.

Les œufs du bombyce de la soie n'ont pas toujours besoin d'avoir été fécondés pour éclore, et ceux de quelques autres papillons analogues sont aussi dans le même cas. Récemment on a particulièrement étudié la parthénogénésie dans les lépidoptères suivants, où elle s'opère d'une manière régulière : *Lasiocampa quercus, Orgyia antiqua, Psyche fusca, Fumea nitidella, Artia caia et Liparis dispar.*

Remarques sur la génération des pucerons. — Les pucerons sont-ils parthénogénèses ou métagénèses? Cette question a été agitée à diverses reprises dans ces derniers temps.

M. R. Leuckart, qui distingue, comme nous proposons aussi de le faire, la parthénogénésie véritable d'avec la génération alternante, se croit autorisé, par des observations qui lui sont propres et qui confirment celles autrefois faites par Bonnet, à considérer la reproduction *sine concubitu* des pucerons comme un véritable cas de métagénésie, c'est-à-dire comme rentrant dans la condition agame de la génération alternante. Les jeunes aphididées naissent, dans les tubes prolifères de leur parent, comme nous avons vu les jeunes trématodes, c'est-à-dire les cercaires, naître dans l'intérieur d'un sporocyste ou d'une rédie, par l'évolution d'une cellule primitive tout-à-fait simple. Il est vrai, ajoute M. Leuckart, qu'ils doivent, de même que les œufs, être considérés comme de simples cellules se développant en embryon ; mais chez eux l'évolution commence de très-bonne heure et à une époque où le matériel nécessaire à la formation de l'embryon n'est pas encore rassemblé ; tandis que dans le cas de véritables œufs, cette évolution, du moins chez les animaux à génération alternante, ne commence que beaucoup plus tard et lorsque le matériel nécessaire au développement a été entouré d'une enveloppe résistante spéciale. Dans le premier cas, l'évolution du corps reproducteur et celle de l'embryon sont synchroniques ; dans le second, ces deux phénomènes sont séparés par un intervalle de temps plus ou moins considérable, les œufs de cette catégorie étant analogues à ceux qu'on nomme *hibernaux*. M. Leuckart admet, en outre, que chez les pucerons observés par lui, les individus dits *vivipares* ne peuvent jamais se transformer en femelles ovipares, et c'est précisément le caractère de la génération alternante que cette différence subsiste entre les êtres des deux catégories agame et sexiée [1].

Parthogénésie chez les plantes. — Des observations, dont les premières sont déjà anciennes et remon-

[1] Leuckart, dans *Moleschott's Untersuchungen*, T. IV, pag. 427 ; 1858.

tent presque aux premiers travaux des botanistes sur la fécondation, ont été faites au sujet de quelques autres plantes, et elles ont aussi porté les botanistes modernes à penser qu'il y a également parthénogénésie dans le règne végétal.

Parmi les plantes qui sont vulgaires chez nous et par suite plus accessibles à l'observation des botanistes, on a choisi l'épinard et le chanvre; MM. Decaisne et Naudin ont répété les expériences dont ils avaient été l'objet, en en faisant aussi sur la *Mercurialis annua* et sur la *Bryonia dioica*.

D'après ces observateurs, les plantes indiquées portèrent des graines bien formées après avoir été mises à l'abri du pollen des fleurs mâles, et sans que l'on eût pu découvrir des fleurs de ce sexe parmi leurs fleurs femelles. Au contraire, des Ricins et des Echaliums, auxquels on avait enlevé toutes les fleurs mâles avant la fécondation, ne produisirent point de graines. Cette différence conduisit M. Naudin à admettre que les plantes dioïques sont seules capables de produire des graines sans fécondation; mais M. Regel, ainsi qu'il nous l'apprend dans le *Botanical zeitung*, a trouvé de petites fleurs mâles sur les épinards et les mercuriales mêlées aux fleurs femelles, ou des anthères sans filets provenant de fleurs mâles avortées. Ces anthères renfermaient du pollen, et la question de la parthénogénésie chez les plantes reste encore indécise. Nous avons vu que leur digénésie était au contraire un fait constant, et que, sous ce rapport, elles ressemblent aux animaux inférieurs dont nous avons aussi donné l'histoire dans un chapitre de cet ouvrage.

Un cas célèbre de parthénogénésie végétale, fourni par le *Cœlebogyne ilicifolia,* a été publié par M. J. Smith [1]. M. Smith admet que cette plante, qui est dioïque, produit sans fécondation de véritables embryons. Mais M. Klotsch ne regarde les graines qu'on obtient alors que comme des bourgeons : ce que combattent d'ailleurs MM. Radlkofer et Bronn.

M. Regel fait cependant remarquer que les graines du célébogyné, semées dans divers jardins, n'ayant jusqu'à présent produit que des pieds femelles, on doit admettre que ces pieds constituent en réalité une continuation de la même plante, et qu'ils ne sont pas des plantes nouvelles dans le sens de la théorie de la génération alternante.

Peut-être trouvera-t-on ici, comme dans la mercuriale, qui est aussi une euphorbiacée, quelques fleurs mâles rudimentaires, et la génération du célébogyné rentrera dès-lors dans la règle commune. C'est ce que M. Baillon, qui s'est beaucoup occupé des plantes de cette famille, croit même avoir reconnu.

[1] *Trans. linn. soc.;* 1851.

CONCLUSIONS.

En même temps que nous avons exposé, dans les pages qui précèdent, l'histoire des curieuses découvertes relatives à la *Métamorphose des organes,* nous avons aussi cherché à faire connaître les principes, aujourd'hui certains, qui doivent guider dans l'application de cette belle et féconde théorie.

Abordant successivement les différentes questions qu'elle soulève, nous avons montré l'identité de ces principes en botanique et en zoologie, et nous avons fait ressortir les ressemblances que les organes étudiés dans les deux règnes animal et végétal présentent dans les particularités morphologiques qui les distinguent.

Les métamorphoses des principales séries d'organes homologues nous ont aussi occupé, et nous avons fait remarquer combien il était aujourd'hui aisé, à l'aide des notions que la science possède, de simplifier une foule de problèmes anatomiques relatifs à l'homme aussi bien qu'aux animaux et aux plantes, et de résoudre ces problèmes.

Il nous a été encore démontré combien il est facile de se tromper dans la détermination des organes

*

dits homologues et analogues, lorsqu'on prend pour guide dans cette recherche les indications de la physiologie finaliste et non celles de la philosophie anatomique.

Les *Générations alternantes*, si bien connues maintenant dans un grand nombre de familles appartenant à la grande division des animaux sans vertèbres, nous ont donné la clef de plusieurs phénomènes curieux qui s'observent chez les végétaux, mais qu'on n'y avait pas interprétés comme ils paraissent devoir l'être.

Elles nous ont également fourni un puisssant argument en faveur de la théorie des organes homologues, en nous apprenant que les parties appendiculaires disposées sous des formes différentes dans chacun des individus dont se compose chaque plante y sont affectées à des fonctions différentes.

De ces fonctions, les unes se rattachent à la nutrition et sont exécutées par les parties vertes qui forment les individus dépourvus de sexe mais engendrant par agamie ; tandis que les autres, reproductrices, dans le sens ordinaire de ce mot, se trouvent accomplies par les fleurs, c'est-à-dire par des individus qui doivent à la métamorphose de leurs organes le pouvoir d'engendrer des graines destinées à propager leur espèce et à porter au loin le germe de nouvelles colonies.

Plusieurs explications ont été proposées pour rendre compte de l'alternance observée dans les deux modes de génération agame et sexipare, qu'on remarque chez un grand nombre d'espèces. Nous les avons rappelées sans dissimuler combien elles laissent encore à désirer.

Les faits seuls sont incontestables, et ils nous montrent que si l'on ne peut plus dire avec Harvey : *Omne vivum ex ovo*, cet adage célèbre peut être modifié sans que l'hypothèse des générations spontanées ou l'hétérogénie ait à se prévaloir des cas auxquels il n'est pas applicable.

On doit, en effet, le remplacer par le suivant : *Omne vivum ex vivo*, puisque, si dans les espèces digénèses des individus naissent sans passer par la forme d'œufs ou de graines, et que si les organes reproducteurs manquent même à ceux de ces individus engendrant par agamie, nous voyons que partout les êtres vivants proviennent toujours d'êtres déjà doués de la vie.

L'alternance des générations et les différences morphologiques qui l'accompagnent, nous montrent en outre que, dans un grand nombre de cas, les espèces sont moins circonscrites et, pour ainsi dire, moins identiques à elles-mêmes, dans les individus qui les composent, qu'on ne l'avait d'abord supposé.

Tous les individus, soit animaux, soit végétaux,

qui se rapportent à chacune d'elles, ne sont pas nécessairement semblables entre eux, et la différence due aux sexes, différence très-facile à expliquer si l'on accepte la théorie des métamorphoses, n'est pas la seule qui puisse les séparer. Leurs formes comme leurs aptitudes physiologiques peuvent être éminemment dissemblables, mais ces dissemblances sont assujetties à des règles fixes.

C'est ce qui ressort, d'une manière incontestable, de tous les phénomènes rappelant, à certains égards, le dimorphisme des corps bruts que les animaux et les plantes digénèses nous ont présentés.

L'alternance qui distingue ces phénomènes est très-remarquable, et nous avons essayé d'établir qu'elle revêt le caractère d'une véritable loi.

FIN.

TABLE DES MATIÈRES.

DEUXIÈME PARTIE.

DES GÉNÉRATIONS ALTERNANTES.

www.ingramcontent.com/pod-product-compliance
Lightning Source LLC
Chambersburg PA
CBHW071859200326
41519CB00016B/4457